南京及周边地区
地质实习指南

范鹏贤　王　波　赵跃堂　张石磊　王德荣　主编

 南京大学出版社

图书在版编目(CIP)数据

南京及周边地区地质实习指南 / 范鹏贤等主编. ——
南京：南京大学出版社，2021.4
　　ISBN 978 - 7 - 305 - 24251 - 9

　　Ⅰ. ①南… 　Ⅱ. ①范… 　Ⅲ. ①区域地质调查—教育实
习—南京—高等学校—教材 　Ⅳ. ①P562.531—45

　　中国版本图书馆 CIP 数据核字(2021)第 036437 号

出版发行　南京大学出版社
社　　　址　南京市汉口路 22 号　　　　邮　编 210093
出 版 人　金鑫荣
书　　　名　南京及周边地区地质实习指南
主　　　编　范鹏贤　王　波　赵跃堂　张石磊　王德荣
责任编辑　王南雁　　　　　　　　编辑热线　025 - 83595840
照　　　排　南京紫藤制版印务中心
印　　　刷　江苏凤凰通达印刷有限公司
开　　　本　787×1092　1/16　印张 13.75　字数 279 千
版　　　次　2021 年 4 月第 1 版　2021 年 4 月第 1 次印刷
ISBN　978 - 7 - 305 - 24251 - 9
定　　　价　58.00 元

网址：http://www.njupco.com
官方微博：http://weibo.com/njupco
官方微信号：njupress
销售咨询热线：(025)83594756

■ 前 言 ■
FOREWORD

　　地质学是一门认识和理解地球表面及内部各圈层结构与构造的学科,通过认识和总结当前地球表面所出露的各种地质现象理解其发生和发展的演变历史。因而,地质学基础(也包括构造地质、工程地质等课程)是一门必须理论联系实际的课程。基于野外实践和实地考察,可以更好地认识岩石与矿物,理解地质构造的特征、形成环境及表现形式。只有把书本上的碎片化知识有机地联系起来,才能使学到的知识转化为解决实际问题的能力。

　　地质实习的指导手册已经出版了很多,如南京大学、吉林大学、中国地质大学、中国石油大学等传统强校都出版过配套的地质实习指导书,有些实习指导手册在专业性上具有很高的水准,为地质学相关课程的教学提供了基本素材。但由于地质学的地域性强,实践环节教学的开展受客观条件的限制较大,就一般院校的工科学生来讲,现有的指导书仍有一些不足之处。

　　作为非科班出身的地质学教员,编者之所以想编写一本实践指导手册,主要基于以下几点考虑:

　　一是教学对象不同。传统的地质学强校的地质实习系统、专业,时间往往持续数周。但工科专业由于培养目标、专业背景和课程要求不同,照搬套用现有教材并不适合。立足于工科专业实践学时少的实际情况,需要一本图文并茂(更直观生动)、科普性强(专业背景知识要求相对较低)、方法简便易行(仅使用肉眼和简单工具)的指导书来使学生快速地掌握最核心的地质知识和地质技能。

　　二是呈现形式不同。地球是我们赖以生存的家园,漫长的地质历史,沧海桑田的海陆变迁,造就了无数的奇观美景。本书结合地质学知识点,力图在准确传达知识与技能的同时呈现地质学美的一面,在介绍现象或原理、选取实习实践路线时,注重兼顾地质现象的典型性和美学的景观性,使学生能多时空、多尺度、多方面地感受地质学的魅力。

　　三是地域特色浓厚。地质学的研究范围和研究对象非常广泛。幸运的是,南京位于长江之滨,坐拥宁镇山脉之利,具备丰富的地质资源。宁镇山脉地层发育齐全,火山遗迹众多,地质构造现象多样且典型。多年来,尚没有一本教材对南京附近的地质实践教学资源进行系统的、科普性的介绍和总结。本书基于大量实地调查,选择知识点密集、地质现象典型的数条线路,给出主要地质资料和地质现象的具体描述,无论是对学员提前了解实习区域的情况,还是对教员开展实践教学工作都大有裨益。

基于以上三点考虑,本手册在对基本概念、基本理论进行必要交代的基础上,重点阐述矿物与岩石的典型特征和鉴定方法、地质图的阅读与分析、地质构造的野外识别与观察,以及南京地区的地质实习场所和资源,旨在解决"观察什么""如何观察""去哪里观察"这三个基本问题。

在内容安排上,按照从矿物到岩石再到岩层(岩体)、从图上作业到野外作业最后综合实习的逻辑顺序,同时介绍了常用工具的用法以及图上和实地分析的实用方法,目的是给初学地质的学生提供方法指导。他们已经掌握了地质学的一般知识,但是实践经验极其欠缺。地质基础实习的目的和作用,在于使学生获得对基本地质现象的感知,并初步具有常见岩石的识别与鉴定、地质图的阅读与分析,以及简单地质构造的观察与描述的能力。

实习指导手册共分六章。第一、二章主要是对矿物和岩石基础知识的再学习和实用化整理,重点介绍了常见造岩矿物和岩石的特征及鉴定方法,不求全而重可操作性。第三章为地质图的阅读与分析,介绍了地质图的基本知识、岩层和地质构造在地质图上的表现,以及常用的地质作图方法。第四章介绍了岩层、断层、褶皱的野外识别与观察描述方法,以及工程地质调查的工作内容。第五章为野外实习场所和路线,重点介绍了南京及周边地区的观察点与观察对象。附录交代了南京地区的地质历史和地质构造背景,提供了岩土体野外鉴别的常用表格和具有典型性的矿物、岩石标本、地质构造与典型地貌的彩图,以供有兴趣的学生开拓视野,在欣赏大美河山的同时丰富地质学知识。

本书适合作为地质学基础、构造地质学、工程地质等相关课程的教学辅助用书,同时可以作为地质科普和地质旅游的参考书。

在成书过程中,编者虽做了大量的拍照和制图工作,仍不可避免地使用了很多不同来源的图片(尤其是地质图),由于条件所限,未能一一征询,在此一并致谢。如有侵权,请及时告知,以便删除。

由于编者水平所限,书中难免有错漏与不当之处,请读者及时与编者联系,以便修编。

编　者

2020 年 9 月于南京

目 录

CONTENTS

第一章　矿物的观察与鉴定 ……………………………………………………… 1

第一节　常见矿物的形态及主要物理性质 …………………………………… 2

一、矿物的定义和分类 ……………………………………………………… 2

二、矿物的形态 ……………………………………………………………… 2

三、矿物的光学特性 ………………………………………………………… 3

四、矿物的硬度 ……………………………………………………………… 4

五、矿物的解理和断口 ……………………………………………………… 5

六、其他性质 ………………………………………………………………… 7

第二节　造岩矿物及其主要鉴定特征 ………………………………………… 7

一、主要造岩矿物 …………………………………………………………… 7

二、长石 ……………………………………………………………………… 7

三、石英 ……………………………………………………………………… 8

四、云母 ……………………………………………………………………… 9

五、辉石 ……………………………………………………………………… 9

六、角闪石 …………………………………………………………………… 10

七、黏土矿物 ………………………………………………………………… 10

八、碳酸盐类矿物 …………………………………………………………… 11

第三节　常见矿物的观察和鉴定 ……………………………………………… 11

一、实习目的 ………………………………………………………………… 11

二、课前准备 ………………………………………………………………… 11

三、实习步骤和方法 ………………………………………… 12

四、实习内容和实习报告 …………………………………… 12

五、易混淆主要造岩矿物的鉴别特征 …………………… 12

六、思考题 ……………………………………………………… 14

第二章　岩石的分类与鉴定 ………………………………… 17

第一节　岩石的分类与命名 ……………………………… 18

第二节　火成岩及其主要特征 …………………………… 20

一、火成岩的物质组成 …………………………………… 20

二、火成岩的产状和岩相 ………………………………… 22

三、火成岩的结构与构造 ………………………………… 24

四、火成岩的分类和典型火成岩的鉴别特征 ………… 27

第三节　沉积岩及其主要特征 …………………………… 29

一、沉积岩的分类 ………………………………………… 30

二、陆源碎屑岩 …………………………………………… 30

三、火山碎屑岩 …………………………………………… 38

四、碳酸盐岩类 …………………………………………… 39

第四节　变质作用和变质岩 ……………………………… 42

一、变质作用因素及分类 ………………………………… 43

二、变质岩的分类和命名 ………………………………… 44

三、变质岩的结构和构造 ………………………………… 46

四、变质作用及其代表性变质岩 ………………………… 48

第五节　岩石的观察和鉴定 ……………………………… 52

一、野外观察的主要内容和步骤 ………………………… 52

二、火成岩的观察与鉴定 ………………………………… 53

三、沉积岩的观察与鉴定 ………………………………… 55

四、变质岩的观察与鉴定 ………………………………… 59

五、岩石观察与鉴定的自主实习 ………………………… 61

第三章　地质图的阅读与分析 ………………………………… 63

第一节　地质图的基本知识 ……………………………… 64

一、地质图的分类和要素 ························· 64

二、地质剖面图 ···································· 66

三、地质柱状图 ···································· 67

第二节　岩层在地质图上的表现 ···················· 68

一、水平和垂直岩层 ······························ 68

二、倾斜岩层的判读 ······························ 68

三、在地形地质图上确定岩层产状要素 ············ 70

四、不整合面的特征 ······························ 73

第三节　褶皱区地质图分析 ························ 73

一、主要方法 ···································· 73

二、褶皱形态的描述 ······························ 73

三、对单个褶皱形态的认识和分析 ················ 74

四、穹隆与构造盆地 ······························ 76

五、褶皱组合形式的认识和褶皱形成时代的确定 ···· 77

第四节　断层地区地质图分析 ······················ 77

一、断层性质的分析 ······························ 77

二、断距的确定 ···································· 78

三、地层重复与缺失 ······························ 79

四、断层的描述及形成年代的确定 ················ 80

第五节　地质剖面图 ······························ 80

一、绘制岩层地质剖面图 ·························· 81

二、绘制褶皱地区剖面图 ·························· 82

第六节　地质图综合分析 ·························· 83

一、目的要求 ···································· 83

二、阅读地质图的一般步骤和方法 ················ 83

三、作业 ·· 86

第四章　地层和地质构造的野外识别 ············ 89

第一节　野外实践的工作方法与装备 ················ 90

一、野外实践的工作方法 ·························· 90

二、地质罗盘的使用方法 ·························· 91

三、标本采集和野外记录 ·························· 94

第二节 地层的描述与记录 ································· 96

一、地层产状的测量和露头观察 ····················· 96

二、地层岩相和层序 ····························· 98

三、野外素描和绘图 ····························· 99

四、火成岩区 ································· 100

五、变质岩区 ································· 100

第三节 断裂构造的野外识别与观察 ····················· 101

一、地形地貌特征 ····························· 102

二、断层带（面）特征 ··························· 103

三、地层特征 ································· 105

四、断层要素和类型的确定 ························· 106

五、节理观察与节理玫瑰花图的绘制 ··················· 112

第四节 褶皱的野外识别与观察 ························· 117

一、褶皱的地形地貌特征 ························· 117

二、地质方法 ································· 122

三、褶皱在出露面上的形态 ························· 125

四、褶皱形成年代的确定 ························· 126

第五节 工程地质调查 ····························· 127

一、目的和任务 ······························· 127

二、调查工作内容 ····························· 127

三、技术方法 ································· 129

四、综合评价 ································· 132

第五章 南京地区实践实习场所和路线 ····················· 135

第一节 南京地质博物馆 ···························· 136

一、老馆 ···································· 137

二、新馆 ···································· 138

三、虚拟展厅 ································· 139

第二节 江苏六合国家地质公园 ························· 140

一、桂子山 ·································· 141

二、瓜埠山 ·································· 143

三、六合方山 ································· 145

　　四、冶山、马头山、捺山 ……………………………………………… 148

第三节　江苏汤山方山国家地质公园 ……………………………………… 152

　　一、阳山碑材景区 ……………………………………………………… 153

　　二、江宁方山 ………………………………………………………… 157

　　三、猿人洞——岩溶洞穴 …………………………………………… 162

　　四、汤山方山国家地质公园博物馆 ………………………………… 164

　　五、其他地点和路线 ………………………………………………… 165

第四节　燕子矶—幕府山风光带 …………………………………………… 168

　　一、区域地质概况 …………………………………………………… 169

　　二、达摩古洞（幕府山沿江一侧）：背斜山、背斜谷、复合断层 …… 171

　　三、幕府登高：向斜成山 …………………………………………… 171

　　四、永济江流：河流地貌 …………………………………………… 173

　　五、燕矶夕照：断层崖、单斜构造、丹霞地貌和流水侵蚀 ………… 174

第五节　栖霞山及周边地区 ………………………………………………… 176

　　一、地质背景 ………………………………………………………… 176

　　二、人文历史景观区——栖霞寺 …………………………………… 177

　　三、典型地貌景观 …………………………………………………… 179

　　四、断裂构造 ………………………………………………………… 181

　　五、典型剖面 ………………………………………………………… 182

　　六、古生物化石 ……………………………………………………… 183

　　七、泉与矿 …………………………………………………………… 184

　　八、推荐路线 ………………………………………………………… 186

附录 ………………………………………………………………………… 189

附录1　南京地区地质概况 ………………………………………………… 190

　　一、区域地质演化简史 ……………………………………………… 190

　　二、地层分布情况 …………………………………………………… 192

　　三、火山活动及火成岩概况 ………………………………………… 193

　　四、构造运动历史及基本特征 ……………………………………… 194

附录2　方位角与象限角 …………………………………………………… 199

附录3　我国境内世界地质公园分布 ……………………………………… 199

附录4　我国主要城市和地区地磁偏角 …………………………………… 201

附录 5 岩土体的野外鉴别方法 …………………………………………… 202

附录 6 常用对比工具图 …………………………………………………… 205

参考文献 …………………………………………………………………… 206

第一章

矿物的观察与鉴定

第一节　常见矿物的形态及主要物理性质

一、矿物的定义和分类

矿物是各种地质作用下天然形成,具有固定化学成分和物理性质的自然单质或化合物,是组成岩石的基本单位。

自然界已知的矿物有 3000 多种,常见的矿物有 50～60 种。矿物的分类方法很多,最常用的是根据矿物的化学成分分类,主要包括自然元素类矿物、硫化物类矿物(如黄铁矿、方铅矿等)、卤化物类矿物(如萤石、石盐等)、氧化物及氢氧化物类矿物(如石英、赤铁矿等)、含氧盐类矿物(如长石、辉石、角闪石、云母等)。

肉眼鉴定矿物是进一步开展岩石鉴定的基础,也是野外工作的基础。

二、矿物的形态

1. 单体形态

根据单个晶体三维空间相对发育的比例不同,可将晶体形态特征分为单向延长(柱状、毛发状)、二向延长(片状、板状)和三向等长(粒状、块状)三种。

2. 集合体形态

大多数矿物以矿物晶体、晶粒的集合体或胶体形式出现,集合体的形态往往具有鉴定特征,同时能反映矿物的形成环境。

主要的集合体形态包括显晶集合体、隐晶及胶态集合体。

显晶集合体主要形式有柱状集合体(普通角闪石、电气石、红柱石、石英等)、纤维状集合体(石膏、石棉等)、片状集合体(云母、石膏、镜铁矿等)、晶簇(石英、方解石等)、粒状集合体(黄铁矿、橄榄石、石榴子石等)。

隐晶及胶态集合体主要形式有结核状(钙质结核、黄铁矿结核)、鲕状及豆状(如鲕状赤铁矿)、杏仁体和晶腺(如玛瑙)、钟乳状和葡萄状(如钟乳石、方解石)、土状(如铝土矿、高岭土)、被膜状(如孔雀石、蓝铜矿)等。

三、矿物的光学特性

1. 矿物的颜色

矿物颜色是由矿物的化学成分和内部结构决定的,组成矿物的离子的颜色、矿物晶体中的结构缺陷,以及矿物中的杂质和包裹体等,都可影响矿物的颜色。颜色根据产生的不同原因可分为自色、他色、假色。

具有鉴定意义的主要为自色,即矿物本身的颜色,它取决于矿物本身的化学成分及结构。他色指由非矿物本身固有的因素导致矿物所呈现的颜色,与矿物本身性质无关,对鉴定矿物的意义不大。假色为矿物受到污染或氧化后所呈现的颜色,有时也可作为鉴定矿物的参考依据。

描述颜色的方法通常有两种:

(1) 标准色谱法,按红、橙、黄、绿、蓝、靛、紫标准色或白、灰、黑等对矿物的颜色进行描述。若矿物为标准色中的某一种,则直接用其描述,如蓝铜矿为蓝色、辰砂为红色;若矿物不具某一标准色,则以接近标准色中的某一种颜色为主体,用两种颜色进行描述,并把主体颜色放在后面。例如绿帘石为黄绿色,说明此矿物以绿色为主,黄色为次。

(2) 实物对比法,把矿物的颜色与常见实物颜色比较后进行描述。例如,块状石英呈乳白色、正长石为肉红色、黄铜矿为铜黄色等。

描述矿物颜色时,应以新鲜干燥的矿物为准,如果矿物表面遭受风化或蚀变而发生了颜色变化,则需刮去风化表面后再进行观察描述。

(3) 实例

红:辰砂(粉末)	橙:雄黄	黄:雌黄	绿:孔雀石
蓝:蓝铜矿	白:方解石	黑:黑色电气石	灰:铝土矿
紫:紫水晶	褐:褐铁矿	肉红:正长石	乳白:石英
砖红:赤铁矿	铁黑:磁铁矿	铜黄:黄铜矿	黄绿:绿帘石

2. 矿物的条痕色

条痕色是指矿物粉末的颜色,一般是指矿物在白色无釉瓷板上擦划所留下的痕迹的颜色。条痕色可能深于、等于或浅于矿物的自色。条痕色对不透明的金属、半金属光泽矿物的鉴定很重要,而对透明、玻璃光泽矿物来说,意义不大,因为它们的条痕都是白色或近于白色的。观察描述条痕色时需注意:

(1) 条痕色的描述方法与颜色相似;

(2) 擦划条痕时,用力要均匀;

（3）观察测试的矿物应选新鲜标本。

3. 矿物的光泽和透明度

（1）矿物的光泽是指矿物表面对可见光的反射能力,其强弱取决于矿物的反射率、折射率或吸收系数,一般分为金属光泽和非金属光泽(可细分为半金属光泽、金刚光泽、玻璃光泽、珍珠光泽等)。

（2）矿物的透明度是指矿物允许光线透过的程度,一般以厚度 0.03 毫米的矿物薄片为准,分为透明、半透明和不透明三级。

（3）注意要点:观察描述矿物光学性质时,一定要注意掌握颜色、条痕色、光泽和透明度四者之间的关系。金属光泽的矿物,其颜色一定为金属色,条痕呈黑色或金属色,不透明;半金属光泽的矿物颜色为金属色或彩色,条痕呈深彩色或黑色,不透明至半透明;非金属光泽的矿物颜色为彩色或白色,条痕呈浅彩色到白色,半透明至透明。

（4）实例

金属光泽不透明:黄铜矿、辉锑矿	金刚光泽半透明:浅色闪锌矿
半金属光泽不透明:磁铁矿、鲕状赤铁矿	玻璃光泽透明:水晶
油脂光泽透明:石英	丝绢光泽半透明:石棉
珍珠光泽透明:白云母	土状光泽半透明:高岭土

四、矿物的硬度

硬度是矿物抵抗外力刻划、压入、研磨的程度,通常用莫氏(Mohs)硬度衡量(表1-1)。

表 1-1　　　　　　　　硬度等级代表性矿物及其野外简易鉴别

硬度等级	代表矿物	野外简易鉴别
1	滑石	用软铅笔划时可留下条痕,用指甲容易刻划
2	石膏	用指甲可刻划
3	方解石	用黄铜制品刻划可留下条痕,用小刀很容易刻划
4	萤石	用小刀可刻划
5	磷灰石	用铅笔刀刻划时可留下明显划痕,不能刻划玻璃
6	正长石	用小刀可勉强留下看得见的划痕,能刻划玻璃
7	石英	用小刀不能刻划
8	黄玉	能刻划玻璃,难于刻划石英

硬度等级	代表矿物	野外简易鉴别
9	刚玉	能刻划石英
10	金刚石	能刻划石英

在野外经常用简易工具进行初步硬度判别,如指甲为 2~2.5,铜钥匙约 3,钢刀为5~5.5,玻璃为 5.5~6。刻划矿物时用力要均匀。测试矿物时须选择新鲜面,并尽可能选择矿物的单体。对于一些常见的外观接近的造岩矿物,如方解石和石英,可以利用硬度快速鉴别。

为便于记忆,可使用简单的顺口溜:滑(滑石)石(石膏)方(方解石),萤(萤石)磷(磷灰石)长(长石),石英黄玉刚(刚玉)金刚(金刚石)。

五、矿物的解理和断口

解理是矿物在外力作用下按一定方向破裂并产生光滑平面的性质,是重要的鉴定特征之一。解理按其发育程度分为极完全解理、完全解理、中等解理、不完全解理和极不完全解理。

常见的解理形式有:一组平行解理、两组垂直解理、两组斜交解理、三组垂直解理、三组斜交解理和四组斜交解理(图 1-1)。

肉眼观察矿物的解理一般只能在显晶质矿物中进行。确定解理组数和解理夹角必须在一个矿物单体上观察。鉴定时,一般按照下列顺序进行:

(1)观察解理等级。根据解理面的完好和光滑程度以及大小,确定其解理等级。

(2)观察解理组数。矿物中相互平行的一系列解理面称为一组解理。

(3)观察解理面间的夹角。有两组及两组以上解理时,相邻两解理面间的夹角是鉴定矿物的标志之一。

实习时可通过对照实物和图示,观察云母、方解石、普通角闪石、石英、萤石的解理发育情况,掌握解理的典型特征(图 1-2)。

当矿物解理发育不完全时,其受力断裂后产生的不规则破裂面称为断口。断口出现的程度和解理发育的程度互为消长,解理程度越低的矿物越容易形成断口。

根据破裂面的形态,断口可分为贝壳状断口、参差状断口、土状断口、锯齿状断口等类型。其中最常见的是在石英和火山玻璃(黑曜岩)上出现的具有同心圆纹理的贝壳状断口(图 1-3)。

a. 一组平行解理 实例：云母　　b. 两组垂直解理 实例：长生石　　c. 两组斜交解理 实例：角闪石

d. 三组垂直解理 实例：盐岩　　e. 三组斜交解理 实例：方解石　　f. 四组斜交解理 实例：萤石

图1-1　典型解理示意图

图1-2　方解石(左)、正长石(中)和黑云母(右)的解理

图1-3　石英(左)和黑曜岩(右)的贝壳状断口

6

六、其他性质

矿物的其他性质还包括相对密度、弹性、挠性、脆性、磁性、电性、滑感、发光性、易燃性及与酸的反应性等。对于一些特殊矿物,可以通过其他性质鉴别,如萤石具有发光性、磁铁矿可以被磁铁吸引、重晶石相对密度较大、方解石遇稀盐酸剧烈起泡等。

第二节 造岩矿物及其主要鉴定特征

一、主要造岩矿物

岩石是在各种地质作用下,按一定方式结合而成的矿物集合体,是构成地壳及地幔的主要物质(图1-4)。构成岩石主要成分的矿物有20～30种,称为造岩矿物,如花岗岩主要由石英、角闪石、长石等矿物组成。识别和鉴定造岩矿物对正确认识岩石具有重要意义。

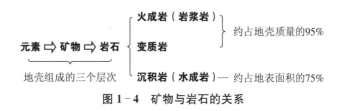

图1-4 矿物与岩石的关系

虽然矿物种类繁多,但造岩矿物却十分有限。在所有矿物中,长石类矿物占地壳总质量的51%左右,其次为石英(12%)、辉石类(11%)、云母类(5%)、闪石类(5%)和黏土类(5%)矿物,其他矿物(其他硅酸盐矿物和碳酸盐等不含硅矿物)仅占11%左右(图1-5)。主要造岩矿物标本照片可参见彩插"主要造岩矿物及其鉴定特征"。

二、长石

长石有很多种,如钾长石、钠长石、钙长石等,属于浅色轻质矿物,都具有玻璃光泽,

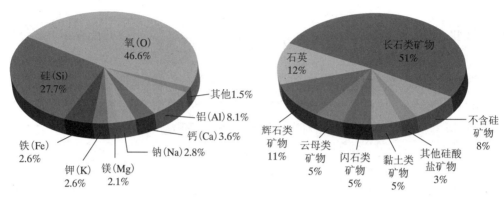

图1-5　元素丰度(左)和主要造岩矿物占地壳总质量的比重(右)

颜色和形状多种多样。长石是几乎所有火成岩的主要矿物成分,在火成岩、变质岩、沉积岩中都可出现,对于岩石的分类具有重要意义。

从矿物成分上看,长石为 K、Na、Ca 等的铝硅酸盐,一般化学式可以表示为 $XAlSi_3O_8$,其中 X 代表阳离子。大多数长石都包括在 $KAlSi_3O_8$—$NaAlSi_3O_8$—$CaAl_2Si_2O_8$ 的三元系列中,相当于由钾长石、钠长石、钙长石三种成分组成的混溶矿物,其中钾长石和钠长石在高温条件下形成完全类质同象,钠长石和钙长石也能形成完全类质同象,而钾长石和钙长石几乎不能混溶。在自然界中,单分子的纯长石很少,以钾长石(正长石)和钙钠长石(斜长石)分布最广。

正长石:$KAlSi_3O_8$ 或 $K_2O \cdot Al_2O_3 \cdot 6SiO_2$,又名钾长石,晶体常呈短柱状,肉红、浅黄、浅黄白色,玻璃或珍珠光泽,半透明,有两组直交解理,硬度6,相对密度2.56~2.58。

斜长石:钠长石 $NaAlSi_3O_8$ 和钙长石 $CaAl_2Si_2O_8$ 的类质同象混合物,晶体常呈板片状、板条状或长柱状,白至灰白色,玻璃光泽,半透明,两组解理斜交,硬度6~6.5,相对密度2.60~2.76。

三、石英

石英是一类浅色、轻质的造岩矿物,化学方程式为 SiO_2。石英是分布最广泛的矿物之一,在地壳中含量仅次于长石,在三大类岩石中均广泛存在,常见为六方柱及菱面体聚形,白色,油脂光泽,透明至半透明,硬度7,无解理,贝壳状断口,性硬,相对密度2.5~2.8,含有其他矿物成分时,可呈现出不同色彩。

还有由二氧化硅胶体沉积而成的隐晶质矿物以及重结晶后形成的变质石英。白色、灰色者称为玉髓(髓玉、石髓),白、灰、红等不同颜色组成的同心层状或平行条带状的称为玛瑙,不纯净、红绿各色的称为碧玉,黑、灰各色者称为燧石,此类矿物通常具有油脂或蜡状光泽,半透明,贝壳状断口。

四、云母

云母是云母族矿物的统称,是火成岩和变质岩中的主要造岩矿物之一,是钾、铝、镁、铁、锂等金属的铝硅酸盐,层状结构,单斜晶系,具有连续层状硅氧四面体构造。

云母晶体呈假六方片状或板状,偶见柱状,层状解理非常完全,有玻璃光泽,具有弹性。不含铁的变种,其薄片中无色。含铁愈高时,颜色愈深,同时多色性和吸收性增强,具有电绝缘、抗酸碱腐蚀、韧性和滑动性、耐热隔音、热膨胀系数小等性能。根据化学成分和光学特征,可分为浅色云母(白云母、锂云母)和暗色云母(黑云母、金云母)两大类。

白云母:化学成分为 $KAl_2(AlSi_3O_{10})(OH)_2$。单斜晶系,特性是绝缘、耐高温、物理化学性能稳定,具有良好的隔热性、弹性和韧性。

黑云母:化学式约为 $K(Mg,Fe)_3AlSi_3O_{10}(F,OH)_2$,类质同象代替广泛,所以不同岩石中产出的黑云母化学组成成分差异很大,因为含铁高,绝缘性能远不如白云母。

五、辉石

辉石是一类广泛存在于火成岩和变质岩中的硅酸盐矿物,其共同特点是晶体中含有硅氧四面体形成的单链结构。根据晶体结构的不同,辉石可分为斜方辉石(正辉石)和单斜辉石(斜辉石)两个亚族,前者属于斜方晶系,后者属于单斜晶系。

正辉石亚族是由顽火辉石 $Mg_2Si_2O_6$ 和正铁辉石 $Fe_2Si_2O_6$ 两个端员组分构成的完全类质同象系列,中间成员为古铜辉石和紫苏辉石,其中顽火辉石和紫苏辉石是正辉石亚族中最常见的矿物。它们既可是岩浆结晶作用的产物,也可是变质作用的产物,随铁含量增高,颜色加深,硬度增大。

斜辉石亚族包括普通辉石、透辉石、钙铁辉石、易变辉石、霓石、翡翠、锂辉石等,属于单斜晶系,与岩浆发生反应可出现角闪石反应边,也可形成绿泥石、纤状角闪石等蚀变。其中普通辉石形成温度范围较大,尤以基性火成岩中最为常见。

普通辉石晶体呈短柱状,横剖面近八边形,在岩石中为分散粒状或粒状集合体,绿黑至黑色,条痕浅灰绿色,玻璃光泽,近不透明,硬度5~6,两组解理近直交,相对密度3.23~3.52。

就矿物学而言,玉分为软玉和硬玉。硬玉是辉石族中的钠铝硅酸盐,所以硬玉又称为辉石玉或辉玉。辉玉有着隐约的水晶结构和玻璃光泽,清澈莹洁,如翡翠(铬透辉石)和玫瑰石(蔷薇辉石)等。在外观上,少部分晶质较纯,具有特殊颜色的石英晶体与辉玉极为相似,常被用来鱼目混珠,如以东陵玉、马来玉等冒充翡翠。

六、角闪石

角闪石的成分变化较大,但其硅酸盐骨架均为双链,形成于富含挥发组分的条件下,因此在深成岩中更为常见。其不出现在火山岩基质中的特点,往往成为鉴别火山岩和侵入岩的岩相学标志之一。

角闪石的外形常为一向延长的长柱状或纤维状晶体,其中的一些纤维状形态变种为石棉,因其耐酸、耐高温而有重要的工业意义。

闪石的颜色与阳离子有关,可以呈无色、浅灰、浅绿或褐色。

根据化学成分的不同,闪石可分为很多亚种,如直闪石、透闪石、普通角闪石、蓝闪石、钠闪石、钠铁闪石等。闪石族矿物大多数为单斜晶系,当阳离子是半径较小的 Li、Mg、Fe 时,属正交(斜方)晶系,莫氏硬度 5.5~6,比重 2.85~3.60。

软玉是角闪石族中的钙镁硅酸盐,所以软玉又称为角闪玉或闪玉。软玉色泽光洁柔美、质地坚韧细腻、温润含蓄,具有油脂光泽,如和田玉(隐晶透闪石)、岫岩玉(以透闪石和蛇纹石为主)等。

七、黏土矿物

最常见的黏土矿物属层状构造硅酸盐矿物,主要有高岭石、蒙脱石、海绿石、绿泥石等。

高岭石是长石和其他硅酸盐矿物天然蚀变的产物,是一种含水的铝硅酸盐,常见于火成岩和变质岩的风化壳中,呈土状或块状,硬度小,一般为白色或米色,湿润时具有可塑性、黏着性和体积膨胀性,具极完全解理,相对密度 2.60~2.63。

蒙脱石,又称微晶高岭石,因最初发现于法国蒙脱城而得名,是由颗粒极细的含水铝硅酸盐构成的层状矿物。蒙脱石是火成岩在碱性环境中蚀变而成的膨润土的主要成分,一般为块状或土状,有较高的离子交换容量和吸水膨胀能力,可用于缓解腹泻。

八、碳酸盐类矿物

碳酸盐类矿物是除含硅矿物外最常见的矿物种类,尤其在沉积岩中多见,其中最常见的是方解石和白云石。

方解石主要是由 $CaCO_3$ 溶液沉淀或生物遗体沉积而成,是石灰岩的主要造岩矿物。在泉水出口可以析出疏松多孔的碳酸钙沉淀物,称为石灰华或钙华。方解石晶体为菱面体,集合体呈块状、粒状、鲕状、钟乳状或晶簇,无色透明;因杂质渗入而常呈白、灰、黄、浅红、绿、蓝等色,玻璃光泽,硬度为3,具三组完全解理,遇稀盐酸强烈起泡。

白云石($CaMg[CO_3]_2$)主要在咸化海中沉淀而成,或者由普通石灰岩与含镁溶液置换形成,是白云岩的主要造岩矿物(成因仍存在较大争议)。白云石晶体为菱面体,通常为块状、粒状集合体,乳白、粉红、灰绿等色,玻璃光泽,具三组完全解理,硬度3.5~4.0,相对密度2.8~2.9,在稀盐酸中分解缓慢。

第三节　常见矿物的观察和鉴定

一、实习目的

1. 学习肉眼鉴定矿物的方法并进行详细观察和系统描述。
2. 掌握主要矿物的基本特征,为鉴定岩石打下基础。
3. 掌握重点矿物和与之类似的其他矿物的区别。

二、课前准备

1. 预习:矿物的物理性质、常见矿物的主要特征、肉眼鉴定矿物的方法步骤。
2. 工具:条痕板、小刀、莫氏硬度计、放大镜、磁铁、稀盐酸、报告纸等。

在没有条痕板时,可以利用瓷砖碎片的粗糙面代替。

三、实习步骤和方法

1. 先由教师讲解矿物的基本特征和肉眼鉴定的步骤与方法。

2. 学生在教师指导下观察矿物标本,矿物的形态、颜色、光泽和透明度以眼睛观察为主,其他性质除观察外,按指定的方法进行实际操作。

在肉眼鉴定矿物时,通常采用刻划法确定其硬度,并以"莫氏硬度计"中所列举的 10 种矿物作为对比的标准。使用莫氏硬度计时,选择被测样品的尖锐位置,在已知硬度的硬度计矿物平面进行刻划,观察硬度计矿物平面是否有划痕。若硬度计矿物平面有划痕,则样品硬度大于硬度计矿物硬度。依次测试更高一级的硬度计矿物,直至样品硬度介于两个硬度级别之间或相当于某一硬度计矿物硬度为止。

3. 由学生独立观察和描述若干种矿物标本并写出实习报告。

四、实习内容和实习报告

1. 系统描述常见造岩矿物(石英、方解石、黑/白云母、普通辉石、普通角闪石、正长石、斜长石等)的主要特征。

2. 根据鉴别特征鉴定未标明名称的矿物标本,填写实习报告(表 1-2)。

表 1-2　　　　　　　实习报告示例——造岩矿物标本的鉴别

标本号	性质	主要鉴别特征	性质	主要鉴别特征	矿物名称
	形态		硬度		
	颜色		密度		
	条痕		解理与断口		
	光泽		其他特征		
	透明度				

五、易混淆主要造岩矿物的鉴别特征

1. 正(钾)长石与斜长石

长石种类较多,尤以正(钾)长石和斜长石最为多见。在野外用肉眼或放大镜鉴别正(钾)长石与斜长石可依据以下几个标志(表 1-3):

（1）正（钾）长石通常呈肉红色、浅灰褐色、浅褐色或褐灰色，而斜长石常为白色、灰色、灰白色、浅绿灰色。

（2）在日光照射下将样品缓慢地向不同方向倾斜，可以看到所鉴定矿物呈条状程度不等的反光。假如有两个以上界线笔直的光亮带，则应是斜长石；如果仅有两个光亮带，且二者的界线是弯曲的，则应是正（钾）长石。

（3）在放大镜下仔细观察解理、断口时，斜长石断口呈微细的叶片状，且较浑浊，无光泽；正（钾）长石断口粗糙，呈参差状或贝壳状，并往往有较强的珍珠或玻璃光泽。

（4）斜长石比正（钾）长石有更好的半自形或自形晶，因此斜长石多呈柱状或长板状，而正（钾）长石多为他形柱状。

（5）正（钾）长石常与石英、白云母、黑云母共生，斜长石不仅可以与上述矿物共生，还常与角闪石、辉石等主要火成岩造岩矿物共生。

表 1-3　　　　　　　　　　正（钾）长石和斜长石鉴别特征对比

鉴别特征	正（钾）长石	斜长石
晶体形状	常呈粗短柱状	常呈板片状、板条状或长柱状
颜色	肉红、灰褐	白到灰色，偶见红色
光泽	解理面珍珠光泽	玻璃光泽至珍珠光泽
解理	两组直交解理	两组斜交解理
断口	参差状或贝壳状	不规则叶片状
硬度	6	6～6.5
晶面条纹	面上无双晶纹	解理面有平行细小的聚片双晶纹
自形程度	他形	半自形或自形
产状	常产于酸性火成岩中，与石英、黑云母等共生	常产于基性、中性火成岩中，与辉石、角闪石等共生

2. 普通辉石与普通角闪石

当结晶较好矿物比较大时，边角整齐，普通辉石是短柱状甚至粒状，断面呈正八边形或正方形；普通角闪石呈长柱状甚至细柱状，断面呈假六方形或菱形。

当矿物结晶不理想，结晶颗粒很小，甚至于隐晶质，则无法根据矿物的特点来区分辉石和角闪石，此时可通过矿物之间的共生、伴生关系来辅助确定矿物种类。

辉石常见于各种基性侵入岩、喷出岩以及凝灰岩中。普通辉石性格内向，伴生矿物主要是暗色矿物，比如橄榄石，所以产出的岩石颜色通常偏暗甚至发黑。

角闪石是各种中、酸性侵入岩的主要组成矿物。普通角闪石伴生矿物主要是浅色矿物,比如石英,所以产出的岩石颜色偏浅。角闪石形成于富含挥发组分的条件下,它在深成岩中比在浅成岩和火山岩中更加丰富。薄的熔岩流自火山口溢出时,其中所含有的挥发组分在地表条件下迅速逸散,因此喷出岩的基质中不会形成角闪石,只能以斑晶的形式出现。一般来说,含有角闪石的岩石基质颜色浅,看起来比较干净(表1-4)。

表1-4 普通辉石和普通角闪石鉴别特征对比

鉴别特征	普通辉石	普通角闪石
晶体形状	多为短柱状	多为长柱状
颜色	绿黑至黑色	
光泽	玻璃光泽(风化后暗淡)	
硬度	5~6	
断面	多为近于方形的八边形	多为近于菱形的六边形
解理角度	87°或93°,近垂直	124°或56°
产状	常产于基性及超基性火成岩中	常产于酸性和中性火成岩中
伴生矿物	暗色矿物	多为浅色矿物

岩石的性质往往取决于组成岩石的矿物,可以通过组成矿物来猜测对应岩石的性质,也可以通过整体岩石的性质来反推组成矿物的种类。

3. 方解石与白云石

方解石与白云石的外观和物理化学性质相近,一般需借助稀盐酸、茜素红等化学药品才能准确分辨(表1-5)。

表1-5 方解石与白云石鉴别特征对比

鉴别特征	方解石	白云石
晶面条纹	平直	稍弯曲
硬度	3	3.5~4
遇酸	猛烈起泡	微微起泡
茜红素	紫红色	不染色

六、思考题

1. 肉眼鉴别矿物主要有哪些项目?

2. 如何区别下列几组矿物：橄榄石与石榴子石、普通辉石与普通角闪石、正（钾）长石和斜长石、石英与方解石、黄铁矿与黄铜矿、石膏与高岭石。

3. 碳酸岩类矿物能与盐酸起化学反应，其反应条件与程度有无区别？

第二章

岩石的分类与鉴定

第一节 岩石的分类与命名

岩石通常是天然产出的具有稳定外形的矿物集合体,是构成地球上层的主要物质。岩石的种类十分多样,根据其基本成因,可以分为火成岩(岩浆岩)、沉积岩和变质岩三大类。

三类岩石在岩石圈中的含量、分布有很大的不同。沉积岩主要分布于地表,其分布面积约占陆壳面积的 75%,距地表越深,火成岩和变质岩越多。据统计,整个地壳中火成岩体积约占 66%,变质岩约占 20%,沉积岩仅约占 8%。

图 2-1 为岩石的二级分类及代表性岩石(不完备),其中部分岩石难以严格归入某一类。如火山碎屑岩,根据其中火山碎屑和陆源碎屑含量的多少,可以分为火山碎屑沉积岩和沉积火山碎屑岩,两者呈渐变过渡关系。变质程度较低的变质岩有时和母岩也难以严格区分。

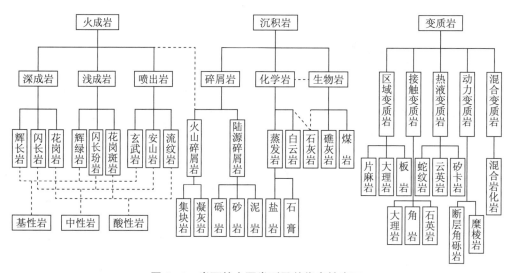

图 2-1 岩石的主要类别及其代表性岩石

三大类岩石彼此之间有密切的联系,并可以相互转化。它们的相互转化关系如图 2-2 所示。岩浆可以直接来源于地球深处,也可以通过现存岩石的高温熔融形成,岩浆冷却固结即形成火成岩;三类岩石均可以在温度、压力、热液等地质因素作用下形成新的变质岩,也可以在地质作用下形成新的沉积岩。这种相互循环演化并不是简单的重复,可以存在多种组合及多期多次作用,从而形成结构、构造和成分复杂多变的岩石。

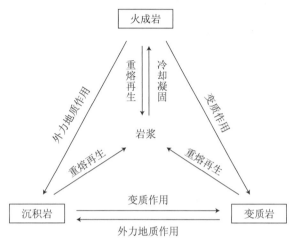

图 2‐2 三大类岩石的相互转化关系

　　三大类岩石的成岩环境有所不同。火成岩成岩环境具有较高的温度或压力,而沉积岩的成岩环境温度和压力均较低,变质岩的成岩环境往往介于二者之间(图 2‐3)。成岩环境往往是渐变的,因此可能存在一些过渡相的岩石同时具有两类岩石的部分特征。

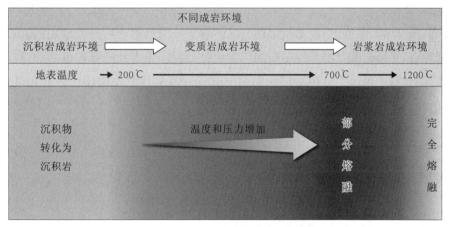

图 2‐3 三大类岩石的成岩环境

　　火成岩中,深成岩的矿物颗粒较粗,易于辨认,一般以矿物组成和含量作为命名的基础;喷出岩由于颗粒太细,难以辨认,一般以化学成分为基础进行分类和命名。对于含有次要矿物的岩石,一般从前缀上加以描述,含量多者更靠近根名。对于浅成岩,可以使用描述结晶情况的前缀,如微晶。对于具有斑状结构的浅成岩,一般以"斑岩""玢岩"等命名突出其结构特征,而深成岩则避免描述结构,以免与浅成岩混淆。

沉积岩的命名一般根据其物料来源和颗粒大小命名,如火山碎屑沉积岩主要物料来源为火山碎屑,砾岩、砂岩、泥岩等主要物料来源为陆源碎屑,但颗粒大小不同。生物岩和化学岩主要依据其生物成因或化学成分命名。

变质岩的名称中包含了其物质成分和组构的内容,有的还涉及变质岩形成时的物化条件。变质岩命名时大多采用"附加名词＋基本名称"的形式。

基本名称反映了变质岩最主要的特征,主要有三种命名准则:

(1) 变质岩的组构特征,如板岩、千枚岩、片岩、片麻岩、糜棱岩等;

(2) 主要矿物或主要矿物组合,如石英岩、角闪岩、榴辉岩等;

(3) 变质作用类型,如断层角砾岩、角岩、矽卡岩、混合岩等;

(4) 还有少数变质岩以出产地命名,如大理岩等。

变质岩的附加名词进一步反映变质岩的一些重要特征,命名原则一般为:(颜色、特殊构造、粒径)＋次要矿物(前少后多)＋主要矿物＋基本名称。

第二节　火成岩及其主要特征

火成岩,又名岩浆岩,指高温熔融的岩浆在地下或喷出地表后冷凝而成的岩石,如橄榄岩、玄武岩、花岗岩等。由于冷凝时的化学成分、温度、压力及冷却速度不同,可以形成各种不同的岩石。地球上分布最广泛的两类火成岩是酸性的花岗质侵入岩和基性的玄武质喷出岩。花岗岩基本分布于大陆区,而玄武岩主要分布在大洋区(大陆也有一定分布)。

一、火成岩的物质组成

大部分火成岩是由硅酸盐岩浆冷凝而成的,在主量元素中,SiO_2 的含量最高,少数可达 80% 以上。一般情况下,随着 SiO_2 含量的增大,Na_2O 和 K_2O 的含量也随之增高,而重质金属氧化物(MgO、CaO、FeO)则相应减少。因此,岩浆中 SiO_2 的含量是划分火成岩类型的主要依据。通常根据 SiO_2 的质量含量将岩浆划分为四种基本类型:① 超基性岩浆($SiO_2 < 45\%$);② 基性岩浆($SiO_2 = 45\% \sim 52\%$);③ 中性岩浆($SiO_2 = 52\% \sim 65\%$);④ 酸性岩浆($SiO_2 > 65\%$)。

火成岩大多是结晶质的,少部分是玻璃质的。不同矿物以不同的比例构成某种特定的岩石。例如辉长岩主要由辉石和斜长石组成,花岗岩主要由石英和长石族矿物组成,可含云母和角闪石。随着矿物组成和相对含量的不断变化,形成了超基性、基性、中性、酸性等各种类型的火成岩。

根据成分和颜色,可以将火成岩中的造岩矿物分为两大类:① 硅铝矿物(浅色矿物),矿物中 SiO_2 和 AlO 含量较高,几乎不含 FeO 和 MgO,主要包括正长石、斜长石、石英、白云母等;② 铁镁矿物(深色矿物),富含铁、镁的硅酸盐和氧化物,主要包括橄榄石、辉石、角闪石和黑云母等。

深色矿物在岩石中的体积分数称为岩石的色率或颜色指数,是火成岩鉴定和分类的主要指标之一。岩石整体色调的深浅,除与矿物成分相关外,还与深色矿物的粒度有关,深色矿物越细,视觉颜色越深。例如,辉长岩和玄武岩中辉石和斜长石的含量近于相等,但前者因为矿物颗粒较粗而呈暗灰色,后者因其隐晶质结构而呈灰黑色;黑曜岩的主要成分是无色透明的流纹质火山玻璃,含少量的暗色矿物,但由于暗色矿物颗粒极其细小而分散,所以岩石的颜色很深。

不同成分的矿物不仅颜色不同,在结晶环境上也具有较强的规律性。1922 年,鲍温模拟了玄武岩岩浆的结晶作用,总结出玄武岩浆演化过程中矿物结晶的一般规律——鲍温反应系列(图 2-4)。

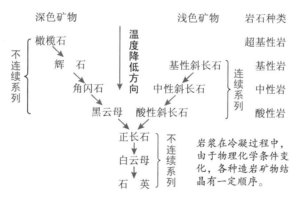

图 2-4 玄武岩浆演化的鲍温反应系列

鲍温反应系列由两支组成:一支为连续系列,反映岩浆结晶过程中斜长石的生成顺序,该系列的特点是矿物在成分上连续,而晶体结构不发生根本改变;另一支为不连续系列,反映深色矿物从岩浆中结晶的先后顺序,矿物成分和晶体结构上均有显著差别。两个分支在下部汇合形成简单不连续系列,石英为最后结晶的矿物。

不同种类的火成岩在矿物组成上各具特点,但并不是泾渭分明的,而是呈复杂的渐变关系。从图 2-5 中可以看出岩性和主要矿物成分之间的关系。同时需要注意矿物之间的共生和互斥关系,如正长石与石英常常同时出现,而橄榄石、辉石一般不能与正长石和石英同时出现。在鉴定时,可以充分利用矿物之间的共生和互斥关系帮助分辨颜色和结晶习性相近的矿物。

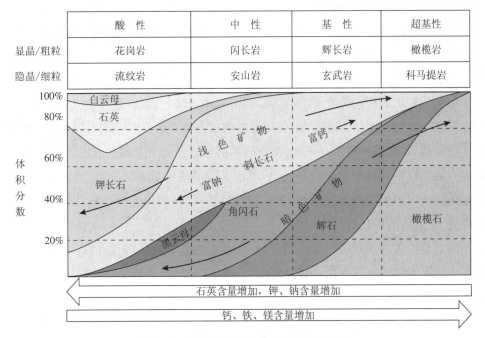

	酸　性	中　性	基　性	超基性
显晶/粗粒	花岗岩	闪长岩	辉长岩	橄榄岩
隐晶/细粒	流纹岩	安山岩	玄武岩	科马提岩

图 2-5　不同类型火成岩的矿物组成特点

二、火成岩的产状和岩相

火成岩的产状是指火成岩岩体的形态、大小及其与围岩的关系等。火成岩的岩相指特定环境和条件下形成的岩浆作用产物特征的总和。研究火成岩的产状和岩相有助于揭示其成因。

1. 侵入岩的产状

侵入岩的产状按照与围岩的关系,可以分为整合侵入体和不整合侵入体。

整合侵入体是岩浆沿围岩的层面或片理面贯入而成,因此与围岩的产状一致而呈整合接触。根据形态的不同,可进一步细分为岩床、岩盖、岩盆、岩脊等。

不整合侵入体是由岩浆沿斜交层理或片理的裂隙贯入而成的,其特征是截穿围岩层面或片理面,可以进一步细分为岩墙、岩颈、岩株、岩基等。

2. 喷出岩的产状

喷出岩的产状与岩浆喷出地表的方式有关,一般有两种分类方案。一种是根据火山的形态,分为顶陷式(已基本绝迹)、裂隙式(又称冰岛式,主要分布于大洋中脊)和中心式(现代喷发的主要形式,火山锥是中心式喷发最主要的特征)三类;另一种是根据火山喷发的强度,分为宁静式(夏威夷式)、爆发式、斯特龙博利式等,主要是针对现代中心式喷发的细分。

3. 侵入岩的岩相

(1)根据侵入岩所处深度,可以划分为浅成相、中深成相和深成相。

浅成相侵入深度一般小于 3 千米,侵入体规模较小,岩石一般为细粒或细粒斑状结构,与围岩多呈不整合接触,接触变质作用较弱。

中深成相侵入深度 3~10 千米,多数为规模较大的侵入体,如岩株、岩基等,组成岩石多为花岗岩类;由于处于较高的压力下,挥发组分得以较好保存,岩浆冷却速度较慢,因此岩石常表现为中、粗等粒或似斑状和块状结构;岩体与围岩贯入作用较弱,边部常含捕房体,外接触带热接触变质现象较明显。

深成相侵入深度大于 10 千米,岩体规模大,主要呈岩基产出,岩性主要为花岗岩类,围岩为区域变质的结晶片岩或片麻岩,一般无接触变质带,岩体与围岩多呈渐变过渡关系。

(2)根据侵入体部位的不同可以划分为边缘相、中心相和过渡相。

边缘相分布在岩体周边,由于冷却速度快,所以多呈细粒或细粒斑状结构,常发育流动构造和捕房体,原生节理表现最清楚。中心相分布在岩体内部,由于冷却速度相对缓慢,因此岩石粒度较粗,岩性较均匀,一般无流动构造,并缺乏捕房体。过渡相成分和结构介于两者之间。

4. 喷出岩的岩相

根据喷出岩的形成条件与产出方式,大致可以将其分为六种岩相,即溢流相、爆发相、侵出相、火山通道相、次火山岩相和喷发沉积相。

溢流相主要形成各类熔岩,可以形成于火山喷发的各个时期,成分多样,但以黏度较小易于流动的基性岩浆最为常见,常形成大面积的岩流和岩被。爆发相是由强烈的火山爆发形成的火山碎屑在地表堆积而成,主要形成各类火山碎屑岩。火山碎屑岩依粒径可以分为集块岩、火山角砾岩、凝灰岩等。侵出相主要由熔岩组成,常出现自碎角砾岩化的集块熔岩和角砾熔岩,可以理解为火山通道相的顶部突起。火山通道相是由深部上升的岩浆充填火山通道并在地表之下固结形成的,中心式喷发的火山通道相岩石呈岩颈产出,又称为火山颈相。次火山岩相是火山作用过程中滞留在地壳较浅部位冷凝固结形成的岩体,它与喷出岩同源,但为侵入岩的产状,结晶程度较喷出岩好,常呈斑状结构。喷发沉积相是火山作用和正常沉积作用混合的产物,形成沉积-火山碎屑岩。根据火山碎屑含量的不同,可进一步区分为火山碎屑沉积岩和沉积火山碎屑岩。

三、火成岩的结构与构造

1. 火成岩的结构

结构指组成岩石的矿物颗粒本身的特点(结晶程度、晶粒大小、晶粒形状等)及颗粒之间的相互关系反映出的岩石构成特征,侧重于强调矿物个体的特征。火成岩的结构主要反映岩浆固结过程中的热力学环境。

划分结构的要素主要包括结晶程度、颗(晶)粒大小或相对大小、矿物的自形程度、矿物颗粒间的相互关系等(图 2-6)。

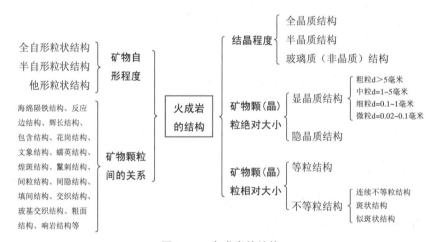

图 2-6 火成岩的结构

（1）结晶程度

根据岩石中矿物的结晶程度,可以将岩石分为三类:

全晶质结构——岩石全部由矿物晶体组成,不含玻璃质,常是深成岩的特点,反映岩石具有良好的结晶条件。

半晶质结构——岩石中只有部分矿物结晶,还存在部分玻璃质,在火山岩和次火山岩中常见。

玻璃质(非晶质)结构——岩石几乎全部由非晶质玻璃体组成,常见于喷出岩,是岩浆快速冷凝的产物。

（2）颗（晶）粒绝对大小和相对大小

矿物的颗粒有绝对大小和相对大小之分，据此可以区分不同的结构类型。

① 根据矿物的绝对大小，可将岩石的结构分为显晶质结构和隐晶质结构。

显晶质结构矿物颗粒用肉眼或在放大镜下能够分辨晶体。按矿物的平均粒径可以进一步细分为粗粒（d>5 毫米）、中粒（d=1~5 毫米）、细粒（d=0.1~1 毫米）和微粒（d=0.02~0.1 毫米）。

隐晶质结构矿物颗粒非常细小，只有在显微镜下才能分辨晶体。隐晶质结构的岩石在肉眼下不易与玻璃质结构的岩石区别，但它们一般不具有玻璃质结构常具有的玻璃光泽和贝壳状断口。

② 按照组成岩石的矿物颗粒的相对大小，可以细分为等粒结构和不等粒结构。岩石中主要矿物的粒径大致相同时为等粒结构，常见于深成岩中。岩石中主要矿物的粒径明显不同时为不等粒结构，按粒径的变化规律又可分为连续不等粒结构、斑状结构和似斑状结构。

斑状结构岩石中矿物颗粒可以区分为明显不同的两部分，大的称作斑晶，小的称为基质（细晶、微晶、隐晶质或玻璃质）。如果基质为显晶质，且与斑晶的大小相差并不悬殊，则称为似斑状结构。斑状结构常见于浅成侵入岩和火山岩中。

（3）矿物的自形程度

矿物的自形程度是指矿物的实际产出形态与理想状态下结晶形态的吻合程度，它受矿物结晶时的物理化学条件及时间空间等多种因素的制约。

火成岩的结构按照矿物的自形程度可分为全自形粒状结构、半自形粒状结构和他形粒状结构。全自形粒状结构往往由岩浆早期结晶出的矿物堆积而成，如纯橄岩、辉石岩。半自形粒状结构常见于侵入岩。最常见的他形粒状结构发育于细晶岩中，全部由不规则的他形晶矿物颗粒组成。

（4）组成岩石矿物颗粒之间的相互关系

火成岩根据矿物颗粒之间或矿物颗粒与玻璃质之间的相互关系，可区分出一系列结构。侵入岩中常见的结构包括海绵陨铁结构（常见于深成超基性岩和基性岩）、反应边结构、辉长结构、包含结构或嵌晶结构、花岗结构（常见于深成花岗岩）、文象结构、蠕英结构（常见于深成花岗岩）、煌斑结构等。喷出岩中常见的结构有鬣刺结构（常见于科马提岩中）、间粒结构（常见于粗粒玄武岩中）、间隐结构、填间结构、交织结构、玻基交织结构（常见于安山岩中）、粗面结构（常见于粗面岩中）、响岩结构（常见于霞石岩中）等。

2. 火成岩的构造

火成岩的构造型式有很多，按其形成方式可以分为三类，即岩浆结晶过程中处于流动状态形成的构造、岩浆冷凝过程中形成的原生节理和裂隙构造、由结晶作用特点和岩石组分空间填充方式所形成的构造。

（1）岩浆结晶过程中处于流动状态形成的构造

流线、流面构造：流线（面）是一维（二维）延伸，矿物及捕虏体、析离体等沿延长方向的定向排列，流线一般平行于岩浆流动方向，流面一般平行于岩体与围岩的接触面。

流纹构造：流纹岩的典型构造，表现为不同颜色和构造的条带及矿物斑晶、拉长气孔等的定向排列，可指示岩浆的流动方向。

块状熔岩结构：黏度较大的玄武质岩浆在流动过程中被推挤破碎并杂乱堆积而成的构造。

绳状熔岩构造：黏度较小的玄武质岩浆在流动过程中扭曲成绳索状而形成的构造。

枕状构造：熔岩流在水下凝固时，其表面先形成硬壳，壳内的熔岩从冷凝收缩形成的硬壳裂隙中流出，表面又形成硬壳，内部的岩浆再次从硬壳的裂隙中流出，循环往复，从而形成枕球体，常出现于海相基性熔岩中。

（2）火成岩的原生节理构造

岩浆在冷凝固结时，因为体积收缩会产生各种节理。由于侵入岩和喷出岩结晶条件不同，因而节理形态也各具特征。

侵入岩的原生节理是在有上覆围压的条件下冷凝收缩而成的，根据节理与流线、流面构造的相对关系，可以分为四组：横节理、纵节理、层节理和斜节理。

横节理方向与流线垂直，常发育于侵入体的顶部，节理面粗糙，属张节理，常被岩脉或矿脉填充。纵节理方向与流线平行，垂直于围岩与岩体的接触面，一般较平整。层节理也称水平节理，一般与侵入体和围岩的接触面平行，常见于岩床和岩盖。斜节理方向与流线斜交，常发育于侵入体顶部，且常出现共轭的两组，其锐角等分线指示流线方向。

喷出岩的原生节理是在没有上覆压力的条件下冷凝收缩形成的，常产生垂直于接触面的张节理，其中最常见的是截面为多边形的柱状节理。我国典型的例子有福建龙海牛头山。南京地区在六合桂子山、瓜埠山、马头山等均有大面积产出。在理想状态下，岩浆冷凝收缩会产生六方柱，若节理发育受到限制，也可形成五边形、四边形或不规则截面柱体。

（3）由结晶作用特点和岩石组分空间填充方式所形成的构造

此类构造有很多，常见的有块状构造、斑杂构造、带状构造、球状构造、珍珠构造、石泡构造、晶洞构造、气孔构造和杏仁构造等。

四、火成岩的分类和典型火成岩的鉴别特征

火成岩的种类复杂,易于混淆。在进行鉴别和分类时,一般首先排除碎屑岩、碳酸岩和一些特殊类型的岩石,然后判断是侵入岩还是喷出岩,再根据初步判断结果应用相应的分类体系进行鉴别和分类。

根据形成火成岩的岩浆中的 SiO_2 含量,可将火成岩分为超基性岩、基性岩、中性岩和酸性岩。根据火成岩的成岩环境,可以将火成岩分为侵入岩和喷出岩。

物质成分和成岩环境共同决定了火成岩的鉴别特征(表 2-1)。

表 2-1　火成岩分类及代表性岩石

岩类		超基性岩	基性岩	中性岩		酸性岩
SiO_2 含量(%)		<45	45~52	53~65		>65
矿物成分		橄榄石、辉石	辉石、斜长石、角闪石	斜长石	钾长石	钾长石、斜长石、石英、黑云母、角闪石
				角闪石、黑云母等		
侵入岩	深成岩	橄榄岩	辉长岩	闪长岩	正长岩	花岗岩
	浅成岩	金伯利岩	辉绿岩	闪长玢岩	正长斑岩	花岗斑岩
喷出岩	火山熔岩	科马提岩	玄武岩	安山岩	粗面岩	流纹岩

一般情况下,深成岩的矿物颗粒较粗,易于辨认,因而其分类一般以矿物组成和含量为基础,称为定量矿物成分分类。喷出岩由于存在隐晶质和玻璃质,往往难以确定矿物组成,其分类一般以化学成分为基础。浅成岩的分类一般参照深成岩或喷出岩,但在命名时突出其结构特征。

1. 超基性岩

超基性岩以侵入岩为主,在地表出露非常少,其出露面积不足火成岩出露面积的1%。很多超基性岩直接来自地幔,可以提供地幔深部的信息。

代表性岩石橄榄岩,主要由橄榄石和辉石组成,橄榄石含量40%~90%,辉石为斜方辉石和单斜辉石,有时也可含少量角闪石、黑云母等,颜色多为浅绿色,粒状结构为主,包含结构、反应边结构及海绵陨铁结构也较常见。岩石中橄榄石常呈自形晶,也可呈圆粒状或被其他矿物包裹。

2. 基性岩

基性岩是地球上分布最广泛的一类火成岩,代表性喷出岩为玄武岩,代表性侵入岩为辉长岩,浅成条件下的代表性岩石为辉绿岩。其矿物成分特点是,以辉石和基性斜长

石为主要成分,有时含橄榄石、少量碱性长石、石英或霞石。岩石一般呈灰黑色(氧化后可呈猪肝色),密度较大。

辉长岩和辉绿岩常呈粒状结构,典型的结构是辉长结构和辉绿结构,两种结构间存在连续过渡关系,主要差别在于辉石和斜长石的相对大小及包裹关系。在辉长结构中辉石与斜长石大小相近,两种矿物几乎同时结晶形成;在辉绿结构中,辉石晶体可包含多个斜长石晶体,但斜长石自形程度高,反映斜长石结晶较早。辉长岩一般呈块状构造,色率一般为 35~65。辉绿岩是矿物成分与辉长岩基本一致的浅成岩,暗绿色或灰绿色,粒度细小,常呈岩床、岩墙产出。

玄武岩一般呈细粒隐晶质至玻璃质,少数呈中粒显晶质,常见斑状结构。由于玄武质岩浆含有大量挥发组分,因而普遍发育气孔构造和杏仁构造(沸石、玉髓等填充气孔形成)。大陆上喷发的玄武岩常具绳状构造、碎块构造和柱状节理,水下喷发的玄武岩常具枕状构造。主要种属有拉斑玄武岩(一般不含橄榄石,如福建牛头山玄武岩)、碱性玄武岩(江苏六合、江宁等地的玄武岩)等。

3. 中性岩

中性岩的化学成分介于基性岩和酸性岩之间,浅色矿物以长石为主,色率一般小于40,代表性的侵入岩为闪长岩、二长岩和正长岩,相应的喷出岩为安山岩和粗面岩,相应的浅成侵入岩为闪长玢岩、二长斑岩和正长斑岩。

本类岩石较少单独产出,除安山岩外分布不广,一般与其他种类的岩石共生,且往往有过渡关系。

闪长岩中石英含量小于5%,斜长石含量占长石总量的2/3以上,暗色矿物占20%~35%,最常见的暗色矿物为角闪石,常具环带结构。

安山岩的成分与闪长岩相同,其名称源于南美洲的安第斯山脉,肉眼观察为暗色的细粒或隐晶质岩石,蚀变后常呈绿色,色率一般小于40,常具斑状结构,有时可见玻璃质。安山岩往往是中心式喷发的产物,常形成火山锥,在活动大陆边缘、造山带及岛弧地区广泛分布,是除玄武岩外分布最广的火山岩,常伴生玄武岩、流纹岩等火山岩。

4. 酸性岩

酸性岩的 SiO_2 含量高,属于硅酸过饱和岩石,富碱,矿物成分以浅色矿物为主,石英、碱性长石和斜长石的含量超过90%,因此岩石色率低、色调浅、密度小。代表性深成岩为花岗岩,代表性浅成岩为花岗斑岩,代表性喷出岩为流纹岩。

花岗岩是自然界中分布最广的侵入岩,主要位于大陆地壳,约占大陆地壳体积的50%。花岗岩种类繁多,组成矿物主要为石英、碱性长石和酸性长石,三者占组成矿物总量的90%以上;铁镁矿物含量低于10%,主要为黑云母或少量角闪石和辉石。花岗岩典型结构为花岗结构,可细分为粗粒、中粒和细粒,在浅成环境中常见斑状结构;常呈块状构造,在岩体边缘也可由于包含捕虏体或暗色包体而呈斑杂构造,浅成环境中还可呈晶洞构造。花岗岩按斜长石含量可以细分为富石英花岗岩、碱长花岗岩、钾长花岗岩(普通花岗岩)、二长花岗岩、花岗闪长岩、斜长花岗岩等(图2-7)。

流纹岩是酸性喷出岩的典型代表,其成分与花岗岩一致,但结构、构造有明显不同,多呈灰色或灰红色,通常为斑状结构,基质结构不一,可见球粒结构、霏细结构和玻璃质结构;常见流纹构造、气孔构造(气孔多不规则),有时可见石泡构造。

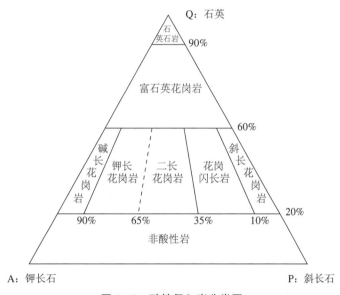

图 2-7 酸性侵入岩分类图

第三节 沉积岩及其主要特征

沉积岩是在地表由母岩的风化产物、火山物质、有机质等原始物质成分,经搬运作用、沉积作用及沉积后作用而形成的一类岩石。沉积岩在地壳表层分布甚广,约75%面积的陆地和几乎全部海底被沉积岩(物)所覆盖,但从体积来看,沉积岩仅占岩石圈的约5%。世界矿产资源总储量的75%~85%是沉积和沉积变质成因的,因此研究沉积岩对于国民经济具有极其重要的意义。

一、沉积岩的分类

按照成因分类方案,沉积岩可概括分为碎屑岩和生物化学岩两大类(表 2-2)。

表 2-2 沉积岩大类

碎屑岩		生物化学岩	
陆源碎屑岩	火山碎屑岩	生物化学-生物有机岩	化学沉积岩
砾岩、角砾岩、砂岩、泥岩、页岩	火山集块岩、凝灰岩	石灰岩、白云岩、磷灰岩、燧石、白垩、礁灰岩	铁矿石、蒸发岩(石膏、盐岩)

最常见的沉积岩是砂岩、泥岩和碳酸盐岩(石灰岩、白云岩等),其他类型的沉积岩仅在特定区域和环境下发育。

在某些情况下,岩石是否属于沉积岩需要仔细甄别。比如杂砂岩看起来与辉绿岩或玄武岩很接近。在对沉积岩手标本进行肉眼鉴定时,应重点观察以下几个方面:① 是否包含层理;② 是否含有层面和层内的沉积构造;③ 是否含有生物化石;④ 是否含有经过搬运的颗粒(岩屑);⑤ 是否含有沉积成因的特殊矿物(如海绿石、绿泥石等)。

二、陆源碎屑岩

1. 陆源碎屑岩的成分

碎屑岩主要由碎屑和胶结物组成,其中碎屑成分不少于50%。碎屑岩的性质主要由碎屑组分和胶结物的性质决定。

(1)陆源碎屑岩的碎屑成分包括各种矿物碎屑和岩石碎屑。常见的矿物碎屑约20种,但一种碎屑岩中主要碎屑矿物通常不超过 5 种。

石英抗风化能力很强,既抗磨蚀又难以分解,同时大部分火成岩和变质岩中石英的含量较高,因此石英是碎屑岩中分布最广的碎屑矿物。它主要出现在砂岩及粉砂岩中,在砾岩和黏土岩中分布相对较少。

在碎屑岩中,长石碎屑的含量一般少于石英。据统计,砂岩中长石的含量为10%~15%。而在火成岩中,长石的平均含量一般是石英的数倍。这种变化主要是由于长石的抗风化能力较弱,易水解、易破碎,在风化过程和搬运过程中逐渐减少。长石的主要来源是花岗岩和花岗片麻岩,主要分布于中、粗砂岩中,砾岩和粉砂岩中长石矿物的含量较少。

岩屑是母岩岩石的碎块,保持着母岩结构和矿物集合体,因此岩屑是鉴定沉积物来源区岩石类型的直接证据。由于成岩过程中的复杂变化,各类岩屑含量变化极大,其含量主要取决于岩屑粒级、母岩成分及成分成熟度等因素。

成分成熟度是指以碎屑岩中最稳定的组分的相对含量来标志其成分的成熟程度,它反映了碎屑组分所经历的地质作用时间、距离和强度。在构造稳定、气候湿润的沉积区,碎屑岩成熟度一般较高。在轻组分中,单晶石英是最稳定的,其相对含量常被作为碎屑岩成熟度的标志。在砂岩中,石英加燧石与长石加其他岩屑的比率常被作为成熟度的衡量标志。在重矿物中,锆石、金红石、电气石最为稳定,这三种矿物在所有透明重矿物中的比重也是判断成熟度的标志。

（2）杂基和胶结物都可以作为碎屑颗粒的填隙物。

杂基是充填碎屑颗粒之间的细小的机械成因组分,其粒级以泥为主,最常见的是高岭石、水云母、蒙皂石等黏土矿物。沉积岩中含有大量杂基表明沉积环境分选作用不强。

胶结物是碎屑岩中以化学沉淀方式形成于粒间孔隙的自生矿物,大多是成岩-后生期的沉淀产物。碎屑岩中的主要胶结物是硅质(石英、玉髓和蛋白石)、碳酸盐(方解石、白云石),以及部分铁质和泥质。

在砂岩的胶结物中,总的看来硅质胶结分布相对较多。从时代上看,较老的砂岩以硅质胶结为主,较新的砂岩以碳酸盐为胶结物的较多。这可能是由于硅质属于难溶物质,因而更容易长期保存。

2. 碎屑岩的粒度及结构

碎屑岩的结构包括碎屑颗粒、杂基(基质)、胶结物和孔隙。

（1）碎屑颗粒的结构特征

碎屑颗粒的结构特征一般包括粒度、球度、形状、圆度及表面结构等。粒度指碎屑颗粒的大小,是碎屑颗粒最主要的结构特征,直接决定岩石类型和性质,是碎屑岩分类的主要依据。国际上广泛采用以1毫米为基准的二进制方案,我国则采用十进制粒级划分方案(表2-3)。碎屑岩很少由单一粒级的碎屑组成,一般的岩石粒度其相应的粒级成分应该大于50%。

碎屑颗粒大小的均匀程度称为分选性,可粗略的划分为好、中、差三级。主要粒级成分占碎屑颗粒75%以上时称为分选性好,占比50%～75%时中等,小于50%时则为分选性差。

（2）胶结类型及颗粒支撑性质

胶结物或填隙物的分布状况及其与碎屑颗粒的关系称为胶结类型或支撑类型。它首先取决于碎屑颗粒与胶结物、填隙物的相对数量,其次和碎屑颗粒之间的接触关系有关。

表 2−3   常用的碎屑岩颗粒粒度分级表

十进制方案			二进制方案	
颗粒直径（毫米）	粒级划分			颗粒直径（毫米）
大于 1000 100～1000 10～100 2～10	巨砾 粗砾 中砾 细砾	砾	巨砾 中砾 砾石 卵石	大于 256 64～256 4～64 2～4
1～2 0.5～1 0.25～0.5 0.1～0.25	巨砂 粗砂 中砂 细砂	砂	极粗砂 粗砂 中砂 细砂 极细砂	1～2 0.5～1 0.25～0.5 0.125～0.25 0.0625～0.125
0.05～0.1 0.005～0.05	粗粉砂 细粉砂	粉砂	粗粉砂 中粉砂 细粉砂 极细粉砂	0.0312～0.0625 0.0156～0.0312 0.0078～0.0156 0.0039～0.0078
小于 0.005		黏土（泥）		小于 0.0039

　　按碎屑和杂基的相对含量，可以分为杂基支撑结构和颗粒支撑结构。按碎屑颗粒和填隙物的相对含量，可以分为基底式胶结、孔隙式胶结和接触式胶结（图 2−8）。一般来讲，基底式胶结属于杂基支撑结构，孔隙式胶结和接触式胶结属于颗粒支撑结构。

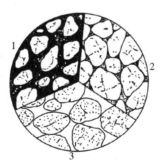

图 2−8　主要胶结类型示意图（据孙家齐等）

1　基底式胶结；2　孔隙式胶结；3　接触式胶结

3. 碎屑岩的构造和颜色

　　碎屑岩的沉积构造是碎屑岩的宏观特征，是碎屑岩重要的成因标志和鉴别特征。碎屑岩的颜色对岩石成因分析和岩相古地理分析具有重要意义。

（1）构造

沉积物在沉积期或沉积后通过物理化学作用和生物作用形成特定的沉积构造。沉积期形成的构造称为原生构造，如层理、波痕。沉积后形成的构造有的是在固结成岩之前形成的，如负荷构造、雨痕、龟裂；有的是在固结成岩之后产生的，如缝合线、结核等化学成因构造。

层理是岩石性质沿垂向变化的一种层状构造，可以通过矿物成分、结构、颜色的变化展现出来。它是碎屑岩最典型、最重要的特征之一，也是沉积物水动力环境和沉积环境的直接反映。按照层内组分和结构的性质，层理一般分为4种类型：均质层理、非均质层理、递变层理和韵律层理。主要层理类型见表2－4。

表 2－4　　　　　　　　　　　　　主要层理类型

层理类型	序号	层理形态	层理类型	序号	层理形态
水平层理	1		交错层理（板状）	5	
波状层理	2		交错层理（楔状）	6	
递变层理	3		交错层理（槽状）	7	
韵律层理	4		透镜状层理	8	

纹层：通常也称为细层，是组成层理的最基本单位，纹层之内没有任何肉眼可见的层，其厚度甚小，一般为数毫米至数厘米。

层系：由许多在成分、结构、厚度和产状上近似的同类型纹层组合而成，它们形成于相同的沉积环境。一般由一系列倾斜纹层组合而成的层系容易被识别，而水平层理、波状层理的组合划分层系比较困难。

层系组：也称层组，由两个或两个以上岩性基本一致的相似层系或性质不同但成因有联系的层系叠覆组成，其间没有明显的间断。

岩层的厚度变化范围很大，自数毫米至数十米。按沉积层厚度可将层划分为块状层（>1.0米）、厚层（0.5～1.0米）、中层（0.1～0.5米）、薄层（0.01～0.1米）、微细层或页状层（<0.01米）。

均质层理也称块状层理,大致呈均质外貌,不具任何纹层构造,不显层理。需要注意的是,均质外貌的沉积岩,并不一定是均质块状的,只有在 X 光下也不能发现内部纹层时,才符合块状层理的真正含义。

递变层理是指沉积物粒度发生垂向递变的特殊层理,又称粒序层理。这种层理除了粒度变化以外没有任何内部纹层。

韵律层理是指成分、结构与颜色等性质不同的薄层有规律地重复出现而形成的层理,如潮汐作用形成的砂泥交替纹层。

(2)层面构造

岩层表面呈现出的各种不平坦的沉积构造的痕迹,统称为层面构造。有的层面构造保存在岩层顶面上,如波痕、雨痕、剥离线理、泥裂等;有的层面构造保留在岩层的底面上,如槽模、沟模等。

波痕是由风、水流、波浪等介质运动时在沉积物表面形成的一种波状起伏的层面构造,它与交错层理的形成条件密切相关。砂波的迁移在层内表现为交错层理,在层面表现为波痕。波痕的形状、大小差别很大,种类繁多,大致可以分为浪成波痕、流水波痕和风成波痕(图 2-9)。

雨痕是指雨滴降落在松软的沉积物表面所形成的撞击凹坑,大小多为毫米至厘米级。冰雹痕迹与雨痕类似,但相对较大、较深且不规则。

图 2-9 波痕(左:幕府山)和雨痕(右:棒槌山)

泥裂是沉积物露出水面时因干涸而产生的收缩裂缝,常见于黏土岩和碳酸盐岩中,某些覆盖在泥裂表面的砂层也可能会呈现泥裂。平面上,泥裂一般为网格状龟裂纹,断面呈 V 形或 U 形,有的因压缩变形而呈肠状。泥裂的规模不一,深度一般为几毫米至几十厘米(图 2-10)。

在各种底面构造中,最常见的是槽模。它是分布在底面上的一种半圆锥形不连续凸起构造,是定向浊流在尚未固结的软泥表面冲刷侵蚀形成的凹槽被砂质填充而成,形态特点是略具对称、伸长状、起伏明显,向上游一端具有圆滑的球根状形态,向下游一端呈倾伏状渐趋消失。槽模的长度多为几厘米至几十厘米。

沟模是砂质岩层底面上平行排列、间隔紧密、稍微凸起的脊沟交替构造,它是流水携带的物体对底部泥质沉积物刻划而留下沟槽或擦痕后,被上覆砂质沉积物充填而成,其长轴平行于水流方向。

图 2 - 10 现代泥裂(左:六合方山)和层面上的泥裂(右,据 Barbara Murck &Brian Skinner)

在地震、荷载和底部掏蚀等触发机制下,斜坡中不稳定的沉积物易发生整体移动,形成滑移-滑塌地层。其基本特征是滑动块体沿滑动面整体侧向移动但内部原生沉积构造基本保持不变(滑移构造),或滑移块体在滑移的同时伴随着不同程度的扰动,从而形成各种不对称褶皱或逆掩断层。

化学成因构造主要有晶体印痕和结核。晶体印痕一般在泥质沉积物中容易保存。结核是指岩石中成分、结构、颜色等与围岩有显著差别的自生矿物集合体,通常为球状、椭球状、饼状等,成分主要有碳酸盐、硅质等。

(3)颜色

按成因可分为继承色、自生色和次生色。继承色主要取决于碎屑颗粒的颜色,如长石砂岩多呈红色,纯石英砂岩呈白色。自生色取决于沉积物堆积过程中及其早期成岩过程中自生矿物的颜色,如海绿石。继承色、自生色均为原生色,与层理界线一致,在层内均匀稳定。次生色是在后生作用阶段或风化过程中,原生组分发生次生变化,由新生成的次生矿物所造成的颜色,一般分布不均。

沉积岩的颜色主要取决于岩石的成分,多是由于含铁质化合物或含染色物质造成的。灰色和黑色一般是因为含有有机质(炭质、沥青质)或分散状硫化铁(黄铁矿、白铁矿),表明岩石形成于还原～强还原环境;红色、棕色和黄色一般是因为含有铁的氧化物或氢氧化物(赤铁矿、褐铁矿)等,代表氧化～强氧化环境;绿色多数是由于含低价铁的矿物,如海绿石、鲕绿泥石等,少数是由于含铜的化合物,如孔雀石,有时是由于含有绿色的碎屑矿物,如角闪石、阳起石等。

影响岩石颜色的因素很多,除岩石成分和风化程度外,还受岩石颗粒大小、干湿程度、光照条件等影响。粒度越细,越潮湿,颜色就越暗。因此,在野外观察颜色时,应观察新鲜断面并注明岩石状态。

4. 主要陆源碎屑沉积岩

(1) 砾岩

砾岩是指由30%以上直径大于2毫米的颗粒碎屑组成的岩石,填隙物为砂、粉砂、黏土物质和化学沉淀物质。其中,由磨圆度较好的砾石、卵石胶结而成的称为砾岩;由带棱角的角砾石、碎石胶结而成的称为角砾岩。

(2) 砂岩

砂岩是源区岩石经风化、剥蚀、搬运、沉积、成岩等作用后形成主要由各种砂粒胶结而成的沉积岩,颗粒直径在0.05～2毫米,其中砂粒含量要大于50%。

砂岩分布广泛,约占沉积岩的1/3。绝大部分砂岩是由岩屑、石英和长石组成的。根据三种成分的含量,可以通过三角图对砂岩进行分类(图2-11)。

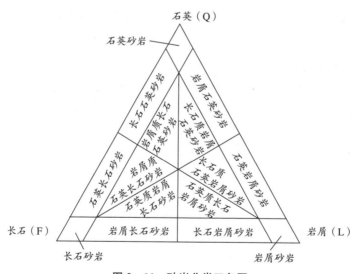

图2-11 砂岩分类三角图

石英是一种十分稳定的矿物,可以经受化学风化和长距离搬运,而长石等其他矿物易发生化学变化,在经历不同程度的地质作用后,含量会逐渐减少。在实际分类中,一般先估计石英的含量,判断该砂岩是否为石英砂岩,再依次估计长石和岩屑的含量。

石英砂岩(图 2‒12):碎屑物质中 90％以上为单晶石英,胶结物常为硅质,次生加大胶结现象普遍。石英砂岩富集石英,一般在构造稳定、温暖潮湿的气候条件下,由富含石英的母岩(花岗岩、花岗片麻岩、变质石英岩等)遭受强烈的化学风化并经过长距离搬运后沉积而成,原岩中的长石等矿物经过化学风化和分选后残留较少,是成熟度很高的沉积岩。

长石砂岩:长石碎屑含量大于 25％的砂岩,长石的种类多为酸性斜长石和钾长石,一般为粗砂状,肉红色至灰色,分选性和磨圆度变化较大,常含较多的杂基,胶结物多为碳酸盐质、硅质、铁质,多由长英质母岩,如花岗岩、片麻岩经机械风化,短距离搬运,在山前或山间盆地堆积而成。世界上最著名的长石砂岩为澳大利亚乌鲁鲁巨石,该单体巨石高348 米,基围周长约 8.5 千米,是世界上第二大的单体巨石。

图 2‒12 石英砂岩及其细部结构(据 F K Lutgens & E J Tarbuck)

岩屑砂岩:以岩屑为主的砂岩(岩屑含量＞25％,长石含量＜25％),其岩屑成分随母岩变化,颜色一般较深,为灰色、灰绿色、灰黑色,多形成于强烈构造隆起区的构陷带或坳陷盆地中,由母岩快速剥蚀、堆积而成。

黏土含量大于 15％的泥沙混杂的砂岩一般归类为杂砂岩。杂砂岩一般富含石英(可达 50％)。主要由粒级为 0.005～0.1 毫米碎屑组成(含量＞50％)的碎屑岩称为粉砂岩,按颗粒大小又可分为粗粉砂岩和细粉砂岩。

(3) 泥质岩

泥质岩是由直径小于 0.005 毫米的微细颗粒组成的岩石,矿物成分以黏土矿物为主,多具有致密均一、质地较软的泥质结构,是介于碎屑岩和化学岩之间的过渡岩石,在沉积岩中分布很广。具有薄层状页理(厚度 1～10 毫米)或纹理(厚度<1 毫米)结构,固结较强的泥质岩称为页岩。泥质岩宏观沉积构造主要有水平层理和块状层理,层面构造主要有干裂、雨痕、虫迹、结核、晶体印痕等。

三、火山碎屑岩

火山碎屑岩是介于火山岩和沉积岩之间的过渡岩石,常常被归为沉积岩的一个特殊类型。但二者之间存在一些明显的差异,比如火山碎屑岩中岩石和矿物的碎屑多成棱角状,碎屑物的分选性较差,成分和结构上变化较大,常缺乏稳定的层理。由于常有陆源碎屑混入,其成分变化也很大。

火山碎屑岩的成岩方式不同于火成岩,主要由火山碎屑物的压紧固结或高温熔结形成。在向火山岩过渡的火山碎屑岩中,火山碎屑物主要由熔浆胶结,在向沉积岩过渡的火山碎屑岩中,碎屑物由沉积物、火山灰及其次生变化产物等胶结。

火山碎屑物主要有火山弹、火山块、火山砾和火山灰,其来源主要有新生的碎屑、早期喷发形成的同源碎屑和外来碎屑。

火山碎屑岩在分类上需考虑四个因素:① 火山碎屑物的成因和数量;② 胶结类型和成岩方式;③ 向熔结和正常沉积岩的过渡;④ 碎屑粒径和各级碎屑的相对含量。

常见的火山碎屑岩分类见表 2-5。

表 2-5　　　　　　　　　常见火山碎屑岩及其分类

大类		火山碎屑熔岩	火山碎屑岩		向沉积岩过渡类型	
			熔结火山碎屑岩	火山碎屑岩	沉积火山碎屑岩	火山碎屑沉积岩
火山碎屑含量		10%～90%	>90%		50%～90%	10%～50%
成岩方式		熔岩胶结	熔结状	压结为主	化学沉积及黏土物质胶结	
结构构造		一般无定向结构	具明显的似流动构造	层状构造不明显	一般层状构造明显	
粒度	>64 毫米	集块熔岩	熔结集块岩	火山集块岩	沉集块岩	凝灰质砾岩 凝灰质角砾岩
	2～64 毫米	角砾熔岩	熔结角砾岩	火山角砾岩	沉火山角砾岩	
	<2 毫米	凝灰熔岩	熔结凝灰岩	凝灰岩	沉凝灰岩	凝灰质砂/泥岩

由爆发式火山活动产生的碎屑在降落后经压实和水化学胶结而成的岩石称为正常火山碎屑岩,其胶结物多为火山细碎屑的分解物(蛋白石、黏土矿物等),根据占优势的火山碎屑的粒径,可以分为火山集块岩、火山角砾岩和凝灰岩。

火山集块岩一般堆积于火山口附近,是识别和圈定火山的主要标志之一;火山角砾岩一般堆积于火山斜坡或四周,角砾之间常被细屑、晶屑及玻屑填充;凝灰岩是分布最广的火山碎屑岩,其碎屑主要有岩屑、晶屑、玻屑和火山尘,靠近火山口处岩屑和晶屑比例较高,粒径较大(图2-13)。

火山碎屑含量>90%的火山碎屑熔岩和火山碎屑岩一般归类为火成岩。

火山碎屑岩向沉积岩的过渡,即为火山碎屑沉积岩。该类岩石成层性好,形成于沉积作用和火山作用的双重作用之下,多产出于水相环境。依据岩石中火山碎屑含量常分为两种类型:沉积火山碎屑岩和火山碎屑沉积岩。

火山碎屑含量为10%~50%的是狭义的火山碎屑沉积岩,其命名一般采用沉积岩的命名方法并在前面加上"凝灰质"三个字。火山碎屑含量为50%~90%时,一般称为沉积火山碎屑岩,在岩石名称前加"沉"字以示区别,如沉凝灰岩。此类岩石一般出现在离火山口稍远的地方。

火山碎屑和沉积碎屑的鉴别往往比较困难。

集块角砾岩(南京江宁方山)　　　　　　沉积火山碎屑岩(广西涠洲岛火山国家地质公园)

图2-13　火山碎屑岩

四、碳酸盐岩类

碳酸盐岩是对主要由碳酸盐类矿物组成的岩石的泛称,一般碳酸盐矿物含量大于50%,主要矿物为方解石($CaCO_3$)、白云石($MgCO_3$)等。本类岩石分布很广,约占沉积岩总量的 20%，在中国约占沉积岩总面积的 55%。与碎屑岩相比，碳酸盐岩更易遭受沉积后变化，具有易变、易溶和易成岩的特点。

以方解石为主的碳酸盐岩称为石灰岩，以白云石为主的称为白云岩。除此之外，还有菱镁矿、菱铁矿等碳酸盐矿物。

碳酸盐岩的颜色相对单调，以灰色、灰黑色（含有机质）为主，偶见白色（不含杂质）、灰绿色（含黏土）、黄褐色（含高价铁）、紫红色（含赤铁矿）。

1. 基本组分

碳酸盐岩基本组分主要包括颗粒、泥、胶结物、晶粒和生物格架。

颗粒主要可分为外颗粒和内颗粒两类。外颗粒主要指来自沉积区以外的陆源碳酸盐碎屑。内碎屑主要是沉积盆地中沉积不久的半固结或固结的碳酸盐沉积物，常具有复杂的内部结构，可含有化石、鲕粒（具有核心和同心结构的球状颗粒）、球粒。

泥（微晶、泥晶、泥屑）是与颗粒相对应的泥级碳酸盐微粒，与黏土相当，可分为灰泥（石灰石成分）和云泥（白云石成分）。

胶结物主要指沉淀于颗粒之间的结晶方解石或其他矿物，与砂中的胶结物类似。一般方解石胶结物的晶粒较灰泥的晶粒大，由于其晶体一般清洁明亮，故常称作亮晶方解石。亮晶方解石是以化学沉淀的方式生成的，故又常称作淀晶方解石或淀晶。

2. 构造特征

碳酸盐岩具有丰富的构造特征，除可见一般沉积岩中的构造外，还有一些特有的构造类型。

（1）叠层石构造又称叠层构造或叠层藻构造，简称叠层石。叠层石由两种基本层组成：富藻纹层，藻类组分多，有机质含量高，色暗，又称暗层；富碳酸盐纹层，藻类组分少，有机质含量少，色浅，又称亮层。叠层石主要形成于潮间浅水带，其基本结构主要有层状和柱状两种。一般来说，层状叠层石的生成环境水动力条件较弱，多属潮间带上部的产物，而柱状叠层石生成环境水动力条件较强（图 2-14）。

（2）鸟眼构造。在泥晶或粉晶石灰岩中，常见一种毫米级大小、多为方解石或硬石膏填充的孔隙，因其形似鸟眼，故称为鸟眼构造。又因其形似窗格，也称窗格构造；充填或半充填的孔隙多呈白色，似雪花，也称雪花构造。

（3）示顶底构造。在碳酸盐岩的孔隙中，常见两种不同特征的充填物。在孔隙底部主要为泥晶或粉晶方解石，色暗；在孔隙顶部主要为亮晶方解石，色浅。两者界线平直，且不同孔隙中都相互平行。根据这一充填孔隙构造，可以判断岩层的顶底，故称示顶底构造，亦可简称示底构造。

（4）缝合线构造。碳酸盐岩中常见的一种裂缝构造，在岩层剖面上，它呈现为锯齿状的曲线,即缝合线;在平面上沿此裂缝参差不平,凹凸起伏,即缝合面;从立体上看,或凹或凸大小不等的柱体即缝合柱(图2-14)。

图2-14　叠层石构造(南京海福巷馨园)和缝合线构造(南京栖霞山)

3. 分类

成分分类是石灰岩的基本分类(表2-6),主要涉及石灰岩与白云岩、碳酸盐岩与泥质岩过渡类型的划分。结构分类方案也很流行。

表2-6　　　　　　　　　　　　石灰岩的主要类别

岩石名称		成分	结构构造特点	成因
石灰岩	纯石灰岩	方解石含量>95%	颗粒-灰泥结构 晶粒结构	化学沉积
	含白云的石灰岩	方解石含量75%～95%		
	白云质石灰岩	方解石含量50%～75%		
白云岩	灰质白云岩	白云石含量50%～75%		化学沉积 白云岩化
	含灰的白云岩	白云石含量75%～95%		
	纯白云岩	白云石含量>95%		
贝壳灰岩			碎屑结构	生物成因
礁灰岩			生物格架	
白垩			微观碎屑结构	
叠层石			叠层构造	

4. 主要碳酸盐岩

（1）颗粒-灰泥石灰岩

颗粒-灰泥石灰岩是分布最广的石灰岩，它的分类是两端元的，即颗粒与灰泥。根据颗粒和灰泥的含量，可以细分为颗粒石灰岩、灰泥石灰岩及多个过渡类型。颗粒泥灰岩常呈浅灰色至灰色，中厚层至厚层或块状。岩石中颗粒含量大于 50%，颗粒可以是生物碎屑、内碎屑、鲕粒、球粒、藻粒的一种或几种，填隙物可以是灰泥杂基或亮晶胶结物。灰泥石灰岩又称泥晶石灰岩，一般呈灰色至深灰色，薄至中层为主，岩石主要由泥晶方解石构成，常发育水平纹理、虫迹、生物扰动等构造。纯泥晶石灰岩常具有贝壳状断口。

（2）生物礁石灰岩

生物礁石灰岩主要由造礁生物骨架及造礁生物黏结的灰泥沉积物等组成的石灰岩。根据生物礁石灰岩中生物骨架及黏结物的相对含量，可以进一步细分为障积岩、骨架岩、黏结岩及与这三类岩石有成因联系的异地沉积碎屑岩。

（3）白云岩

白云岩主要由白云石组成，常混入石英、长石、方解石和黏土矿物，呈灰白色，性脆，硬度大，用铁器易划出擦痕，遇稀盐酸缓慢起泡。按成因可分为原生白云岩、成岩白云岩和后生白云岩。原生白云岩的分类和结构与石灰岩类似。次生交代成因的白云岩，通常按晶粒大小分类命名。

白云岩外观与石灰岩非常相似，但是风化面上常有白云石粉及纵横交错的刀砍状溶沟。这是野外肉眼识别白云岩的最重要特征。由于白云岩的孔隙度较大，其岩层常为石油或地下水的理想储藏层。

第四节　变质作用和变质岩

地壳形成和演化过程中，由于受到构造运动、岩浆活动等的影响，已经形成的岩石（原岩）为适应新的地质环境，在基本保持固体状态的情况下，矿物成分、结构构造发生相应的变化，该过程称为变质作用。由变质作用形成的岩石称为变质岩。

变质岩是由地壳中先形成的火成岩或沉积岩，在环境条件改变的影响下，发生变质作用而形成的。它的岩性特征既受原岩的控制，具有一定的继承性，又因经受了不同的变质作用，在矿物成分和结构构造上具有新生性。因此，变质岩的化学成分比火成岩和沉积岩更复杂。

通常,由火成岩经变质作用形成的变质岩称为"正变质岩",由沉积岩经变质作用形成的变质岩称为"副变质岩"。

一、变质作用因素及分类

变质作用不同于风化作用,后者一般是在常温、常压条件下,或者说是在风化带、胶结带进行的,而前者需要较高的温度和压力条件。变质作用也不同于岩浆作用,它是在岩石保持固态的条件下进行的。但是,自然界的不同地质过程并不是截然分开的,而是连续渐变的。

引起变质作用的因素主要有温度、压力、化学因素、地质运动(断裂)等。根据引起变质作用的因素不同,可以分为接触变质作用、区域变质作用、动力变质作用、气液变质作用、混合岩化作用和冲击变质作用等(表2-7)。

不同的变质作用类型虽然各具特点,但往往互相交叉,存在很多重叠,无法严格区分。如区域变质作用泛指在大范围内发生的、多种变质因素参与的变质作用,其中不同程度地包含了接触变质作用、气液变质作用、动力变质作用和混合岩化作用;而接触变质作用往往伴随着气液变质作用。

表 2-7　　　　　　　　　　主要变质作用类型及其特点

变质作用类型		变质因素	作用范围	代表岩石	特点
接触变质作用		温度	较小	角岩、大理岩	变质程度具有一定的梯度
区域变质作用	大陆结晶基底变质作用	温度、压力、流体	大	花岗变晶岩大理岩	面状展布,变质程度一般较高
	造山变质作用	构造环境	较大	片岩、片麻岩	发育在板块碰撞边缘,具有较宽的p/T范围
	洋底变质作用	温度、化学势	较大	变质辉长岩变质玄武岩	发育在大洋中脊,变质程度较低
	埋藏变质作用	压力、温度	大	板岩、千枚岩	与成岩作用类似,变质程度低,岩石一般缺乏片理
动力变质作用		构造应力	小	断层角砾岩、糜棱岩	发育在构造断裂带
气液变质作用		化学势、温度	较小	蛇纹岩、云英岩、矽卡岩	多见于侵入体顶部、附近及火山活动区
混合岩化作用		温度	大	混合岩化岩	变质作用向岩浆作用的过渡
冲击变质作用		陨石冲击	很小	陨击角砾岩	常产生超高压矿物(如钻石)

变质作用类型		变质因素 作用范围 代表岩石 特点
其他变质作用	进变质作用	早期的低温矿物被晚期的高温矿物置换
	退变质作用	早期的高温矿物被晚期的低温矿物置换
	递增变质作用	沿一定方向温度渐增,变质作用程度逐渐增强
	叠加变质作用	不同类型变质作用在不同地质时期作用于同一地质体
	多期变质作用	相同类型变质作用在不同地质时期多次作用于同一地质体
	等化学变质作用	变质作用过程中,除挥发性组分外,主要化学组分保持不变
	异化学变质作用	变质作用过程前后,岩石的化学成分有明显的差异

二、变质岩的分类和命名

变质岩的物质组成复杂,结构多样,存在多种分类方案。

1. 变质岩的组构分类

变质岩的组构是其最直观的重要特征,它反映了变质作用的地质环境。在对野外露头及标本进行观察时,应首先对其组构进行观察和描述。由于组构分类(表 2-8)能够较好地反映变质岩的直观特性,便于使用,因而应用较广。

表 2-8 　　　　　　　　　　　　变质岩的组构分类

强叶理岩石	弱叶理岩石	无叶理-弱叶理岩石
板岩 千枚岩 片岩	片麻岩 混合岩 糜棱岩	花岗变晶岩、斜长角闪岩、蛇纹岩、绿岩、云英岩、角岩、石英岩、大理岩、泥质板岩、矽卡岩、麻粒岩

2. 变质岩的物质成分分类

变质岩的物质成分是变质岩分类和命名的主要依据之一。按原岩化学成分在变质过程中是否发生改变,可以大致分为两大类:一类由等化学变质作用形成,化学组分基本与原岩一致,另一类由异化学变质作用形成,化学组分在变质作用后发生了显著的改变。

按照化学成分,可将常见的变质岩归纳为五个主要的化学类型:泥质、长英质、钙质、基性和镁质,对应的变质岩类分别为泥质变质岩类、长英质变质岩类、钙质变质岩类、基性变质岩类和镁质变质岩类。钙镁硅酸盐变质岩类也较常见(表 2-9)。

表 2 - 9		化学类型变质岩类的原岩类型、化学成分和特征矿物	
变质岩类	**原岩类型**	**化学成分特征**	**矿物成分**
泥质变质岩类	泥质沉积岩、部分中酸性火山凝灰岩	富铝、贫钙	白云母、黑云母、石英、长石,特征变质矿物有石榴子石、红柱石、蓝晶石、矽线石、十字石、堇青石、绿泥石
长英质变质岩类	砂岩、粉砂岩、硅质岩、中酸性火成岩	基本同泥质变质岩类,但 Al_2O_3 含量较低,SiO_2 含量较高	以长石、石英为主,可有白云母、黑云母、绿泥石、红柱石、蓝晶石、矽线石、石榴子石、帘石类、闪石类、辉石类矿物
钙质变质岩类	石灰岩、白云岩	富含 CaO、MgO、Al_2O_3、SiO_2、FeO 等,含量变化大	方解石、白云石,按原岩所含杂质不同,可出现各种钙镁硅酸盐或钙铝硅酸盐矿物,如滑石、蛇纹石、透闪石、透辉石、硅灰石、方柱石、金云母等
钙镁硅酸盐变质岩类	泥灰岩、钙质泥岩、钙质砂岩		
基性（镁铁质）变质岩类	基性（镁铁质）火成岩、铁质白云质泥灰岩及基性岩屑砂岩	与基性（镁铁质）火成岩相当,富钙、镁、铁,贫 K_2O、Na_2O、SiO_2	各种斜长石、绿帘石、绿泥石、阳起石、普通角闪石、透辉石和紫苏辉石等,有时可出现方柱石、黑云母、石榴子石、绿辉石,低级变质岩矿物有蓝闪石、硬柱石、葡萄石、文石、硬玉等
镁质（超镁铁质）变质岩类	超镁铁质火成岩及富镁的沉积岩	富镁铁,贫钙、铝、硅	滑石、蛇纹石、透闪石、镁铁闪石、直闪石、镁铝榴石、镁橄榄石、尖晶石、斜方辉石、单斜辉石、菱镁矿等

3. 等化学系列和等物理系列

等化学系列是指化学成分相同或基本相同的原岩,在不同变质条件下形成的所有变质岩石。由于变质作用的不同,同一原岩可以形成不同的变质岩。如玄武岩可以在不同的变质作用下形成蓝闪石片岩(低温高压)、绿片岩(低温)、斜长角闪岩(中温)、镁铁质麻粒岩(高温)和榴辉岩(高压)。

等物理系列是指化学成分不同的原岩,在相同或基本相同的变质条件下形成的各种变质岩。由于原岩化学成分不同,在相同的变质条件下,可形成不同的变质岩。一个变质带是一个等物理系列,包括一定物理化学条件范围内形成的各种变质岩。

4. 变质岩的命名

典型的变质岩的名称中包含了变质岩物质成分和组构,有的还涉及其形成时的物化条件和地质环境特征。变质岩的一般命名原则是:

附加名词＋基本名称

变质岩的基本名称反映其最主要的特征,如组构特征、矿物组合、变质作用类型等。少数变质岩以产地命名,如大理岩。

经常作为基本名称的组构主要有:板状构造—板岩,千枚状构造—千枚岩,片状构造—片岩,片麻状构造—片麻岩,碎裂组构—碎裂岩,糜棱组构—糜棱岩,混合岩组构—混合岩。但并不是所有具有片状、片麻状构造的岩石都称作片岩、片麻岩。大理岩中的矿物颗粒被压扁、拉长,形成片状或片麻状构造,其基本名称仍为大理岩,而构造特征可以冠在大理岩之前以示区别。

具有块状或弱片麻状构造的变质岩大多以矿物种类作基本名称,如石英岩(石英含量>50%)、角闪岩、辉岩、榴辉岩、斜长角闪岩等。

反映变质作用类型和地质环境特征的基本名称有角岩(接触变质作用)、矽卡岩(气液变质作用)、混合岩(混合岩化作用)、断层角砾岩和糜棱岩(动力变质作用)等。

变质岩名称里的附加名词也是划分变质岩类型的重要特征,其命名原则是:

(颜色+特殊构造+粒径)次要矿物(前少后多)+主要矿物+基本名称

具有变余组构的变质岩的命名原则是:

新生变质矿物(前少后多)+变质+原岩名称

三、变质岩的结构和构造

1. 结构

(1) 变晶结构——原岩在固态条件下各种矿物同时发生重结晶,使原来火成岩和沉积岩的结构消失而形成新的结构,如定向排列等。按变晶的大小可分为:粒状变晶结构、斑状变晶结构、鳞片状变晶结构、角岩结构。

(2) 碎裂结构(压碎结构)——在应力作用下矿物颗粒破碎,形成形状不规则的碎屑结构。

(3) 变余结构——变质作用不彻底,残留有原来岩石的结构。主要形式有变余斑状结构、变余砾状结构等。可根据变余结构推断变质前岩石的种类。

(4) 交代结构——在变质作用或混合岩化作用过程中,由交代作用形成的结构。发生交代变质作用时,原岩中的矿物被取代、消失,同时形成新生的矿物。主要特征为:在形成过程中有物质成分的加入和带出,而岩石中原有矿物的分解和新矿物的形成同时发生,既可以置换原有矿物,保持原有矿物的晶形,也可以由交代方式形成新矿物,产生一系列具有新特征的交代结构。根据形态不同可分为交代假象结构、交代残留结构、交代条纹结构、交代蠕虫结构、交代斑状结构等。

2. 构造

(1) 片理构造:岩石中长条状矿物或片状矿物,在压力的作用下定向排列形成的构造。常见的有板状、千枚状、片状、片麻状等构造。

① 板状构造:泥质岩石受较轻微的压力作用,形成一组互相平行的劈理面,使岩石沿劈理面形成板状构造。它与原岩层理平行或斜交。劈理面常整齐而光滑(图2-15)。

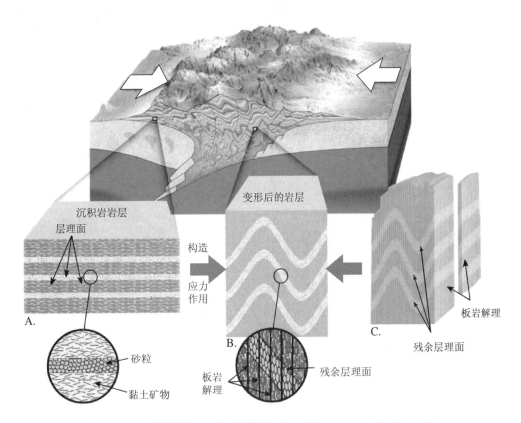

图 2 - 15　板岩的形成过程示意图(改自 F K Lutgens & E J Tarbuck)

② 千枚状构造:区域变质岩石的一种构造,且是千枚岩的典型构造。岩石中的鳞片状矿物已重结晶、变质结晶并呈定向排列,使岩石呈薄片状,但因粒度较细,肉眼不能分辨矿物颗粒,仅在片理面上见有强烈的丝绢光泽。

③ 片状构造:岩石中片状或长条状矿物连续而平行排列,形成平行、密集纹理,矿物颗粒较粗,肉眼可以清楚识别的叫片状构造。

④ 片麻状构造:片麻状构造是变质程度最深的一种构造,又称片麻理,以粒状变晶矿物(长石、石英)为主,其间杂以鳞片状矿物(黑云母、绢云母、绿泥石)、柱状变晶矿物(角闪石)断续定向分布而成,形成不同颜色、不同宽度的条带(图2-16)。

(2) 块状构造:又称均一构造,特点是矿物颗粒排布的非定向与相对均一,如大理岩、石英岩等。

(3) 变余构造:岩石经过变质后,仍保留有原岩的构造特征,又称残余构造。多见于

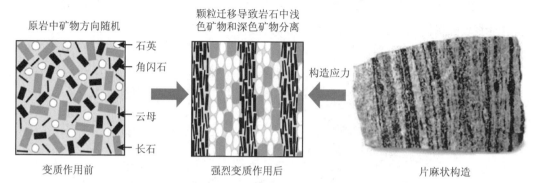

原岩中矿物方向随机　颗粒迁移导致岩石中浅
　　　　　　　　　色矿物和深色矿物分离

← 石英

← 角闪石

构造应力

← 云母

← 长石

变质作用前　　　　　强烈变质作用后　　　　　片麻状构造

图 2-16　长英质片麻状构造的形成过程（改自 F K Lutgens & E J Tarbuck）

低级变质岩中,与变质构造相伴生。如变余气孔构造、变余杏仁构造、变余层状构造等。

四、变质作用及其代表性变质岩

　　由于原岩和变质作用的组合非常多,因而变质岩的物质组成、结构构造远较火成岩和沉积岩复杂。下文根据变质作用对比较常见的变质岩进行简单介绍。

1. 接触变质作用

　　接触变质作用又称热力接触变质作用,是由岩浆活动散发的热量和析出的气态或液态溶液引起的变质作用,主要发生在岩浆体周围接触带的围岩中(图 2-17)。

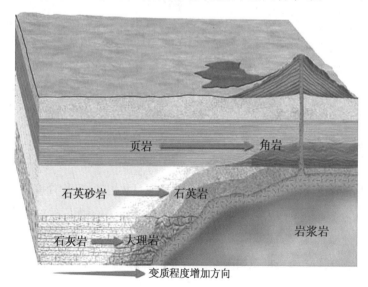

页岩 ⟶ 角岩

石英砂岩 ⟶ 石英岩

石灰岩 ⟶ 大理岩

岩浆岩

⟶ 变质程度增加方向

图 2-17　热接触变质作用形成的主要变质岩（改自 F K Lutgens & E J Tarbuck）

（1）大理岩

大理岩是由石灰岩、白云质灰岩、白云岩等碳酸盐岩石经接触变质作用或区域变质作用形成,方解石和白云石的含量一般大于50%。大理岩的结构主要是粒状变晶结构,岩石中的透闪石、透辉石等有时呈变斑晶产出,使岩石具有斑状变晶结构。大理岩多为块状构造,少数因承袭原岩的层理而形成条带状构造,也可形成片状或片麻状构造。一般随着变质作用温度的升高,晶体粒径会变大,大理岩的变质程度加深。大理岩除纯白色外,有的还具有各种美丽的颜色和花纹。

大理岩分布很广,往往和其他的变质岩共生。中国大理岩的产地遍布全国,其中以云南大理最为著名。点苍山大理岩具有各种颜色的山水画花纹,是名贵的雕刻和装饰材料。北京房山白色大理岩为细粒结构,质地均匀致密,被称为汉白玉。

（2）角岩

角岩由中高温热接触变质作用形成,具细粒状变晶结构和块状构造,原岩主要为黏土岩、粉砂岩、火成岩和各种火山碎屑岩,变质后全部重结晶,一般不具有变余结构,时常具有残余结构,常见由内部变晶矿物定向而成的条带构造。角岩一般为深色,致密坚硬,主要含有矽线石、堇青石、红柱石、石榴子石等特征变质矿物。

2. 区域变质作用

泛指在大范围内发生的、由多种变质因素(温度、化学活动性流体、静压力和构造应力)参与的变质作用。

以泥质岩的区域变质为例,变质岩从矿物组分上可形成绿泥石带、黑云母带、铁铝榴石带、十字石带、蓝晶石带和夕线石带;从构造上可分为板状、千枚状、片状和片麻状的系列(图2-18)。常与地壳运动、构造运动和岩浆活动有关。代表性岩石有石英岩、板岩、片岩、片麻岩。

（1）石英岩

石英岩是一种主要由石英组成的变质岩(石英含量大于85%),一般是由石英砂岩或其他硅质岩石经过区域变质作用重结晶而形成,也可能由在岩浆附近的硅质岩石经过热接触变质作用而形成。石英岩一般为块状构造,粒状变晶结构,呈晶质集合体,颗粒细腻,结构紧密,颜色丰富,常呈现出缤纷华丽而又独特的纹理。

（2）板岩

板岩是一种具有板状构造的浅变质岩,原岩为泥质、粉质或中性凝灰岩,沿板理方向可以剥成薄片。板岩的颜色随其所含有的杂质不同而变化。原岩因脱水,硬度增强,但矿物成分基本上没有重结晶,具变余结构和变余构造,外表呈致密隐结晶,矿物颗粒很细,肉眼难以辨别。在板面上常有少量绢云母等矿物,使板面微显绢丝光泽。

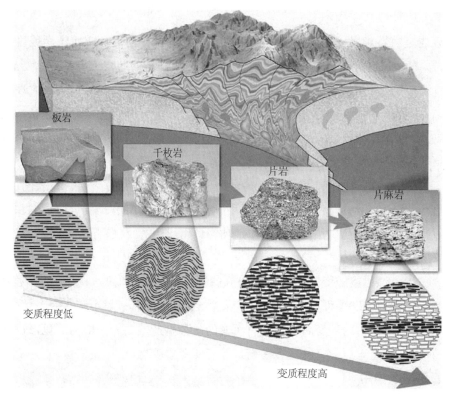

图 2-18　区域变质作用形成的主要变质岩(改自 F K Lutgens & E J Tarbuck)

（3）片麻岩

片麻岩是由火成岩或沉积岩经深变质作用而形成的岩石,具有暗色与浅色矿物相间呈定向或条带状断续排列的片麻状构造特征,呈变晶结构,主要矿物为石英、长石、角闪石、云母等。按原岩的不同,分由火成岩变质而成的"正片麻岩"和由沉积岩变质而成的"副片麻岩"。

（4）麻粒岩

又称粒变岩,属中高级区域变质作用产物,是在高温高压条件下形成的区域变质岩,主要由长石、石英、辉石组成,有时含石榴石、夕线石、蓝晶石等。具有粗粒花岗岩变晶结构,片理构造不清楚,块状构造。常见的类型有:① 长英麻粒岩,由粉砂岩、硅质页岩、中酸性火成岩等变质而形成;② 辉石麻粒岩,常由基性火成岩变质而形成。

3. 动力变质作用

由于构造运动产生的强烈应力作用,岩石及矿物发生变形、破碎,并重结晶。代表性岩石有断层角砾岩和糜棱岩(图 2-19)。

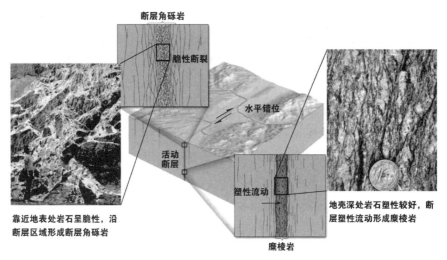

图 2-19　动力变质作用及代表性岩石（改自 F K Lutgens & E J Tarbuck）

（1）断层角砾岩

断层角砾岩（碎裂岩、构造角砾岩）指在应力作用（断层作用）下，断层断盘移动时，原岩破碎成角砾状，被微细碎屑及后生结晶物胶结的岩石。其中的角砾大小不一，具棱角，无定向排列。

（2）糜棱岩

糜棱岩由基质和碎斑构成，由原来的粗粒岩石受强烈的定向压力破碎成粉末状（断层泥），再经胶结形成坚硬岩石，矿物成分与原岩相比无多大变化，主要分布在逆断层和平移断层带内，强度低，易引起渗漏和形成软弱夹层，对岩体稳定不利。岩石中次生面理、线理等塑性流动构造发育。

4. 气液变质作用

气液变质作用指具有一定化学活动性的气体和热液与固体岩石进行交代反应，使岩石的矿物和化学成分发生改变的变质作用。气水热液可以是侵入体带来的挥发成分，或者是受热流影响而变热的地下循环水以及两者的混合物。

（1）云英岩

云英岩是花岗岩及长英质岩石经高温气体及热液交代作用形成的变质岩，岩石色浅，为灰色、浅灰绿色或浅粉红色，主要矿物石英常多于 50%，甚至可达 90%。中粗粒状变晶结构或鳞片花岗变晶结构，块状构造。云英岩常分布于中等深度的花岗岩侵入体的顶部、边部或接触带附近的围岩中。

（2）夕卡岩

夕卡岩是一种主要由富钙或富镁的硅酸盐矿物组成的变质岩，主要在中、酸性侵入体与碳酸盐岩的接触带,在热接触变质作用的基础上和高温气化热液的影响下,经交代作用所形成的一种变质岩石,矿物成分主要为石榴子石类、辉石类和其他硅酸盐矿物,细粒至中、粗粒不等粒结构,条带状、斑杂状和块状构造。

5. 混合岩化作用

在高级变质作用的某些区域,当温度足够高,使得物质发生部分熔融,产生熔浆(通常为花岗质),如果这些熔浆保持封闭,并生成它们的岩体内结晶,从而产生混合的岩石(混合岩),这个过程称为混合岩化。混合岩化是变质作用向岩浆作用过渡的类型,这决定了混合岩具有介于变质岩和火成岩之间的地质学、岩石学特征。

由于混合岩化过程中出现了部分熔浆,其性质超过了一般变质作用的范围,因此也称为超变质作用。混合岩化作用可进一步分为区域混合岩化作用和边缘混合岩化作用。

混合岩由基体和脉体两个基本组成部分组成。基体是角闪岩相或麻粒岩相变质岩(暗色),代表原岩,或多或少受到改造,又称古成体。脉体是长英质或花岗质物质(浅色),代表混合岩中的新生部分,又称新成体。混合岩的形态多种多样,成分、结构和构造的变化也很大。泰山世界地质公园彩石溪混合岩出露非常典型。

第五节　岩石的观察和鉴定

一、野外观察的主要内容和步骤

1. 野外观察和鉴定的主要内容

在野外观察和鉴定岩石,应该重点关注以下特征:

(1)岩性,即岩石的组成和矿物特征。

(2)结构,即岩石中矿物结晶的颗粒特征、排列方式、粒度大小、相互关系及变化规律。

(3)构造,即出现在层面上下及层内的特征。

(4)颜色,对于很多岩石,需要观察新鲜断面的颜色。

(5)岩层或岩石单元之间的几何形态与相互关系,厚度和组成的变化。

对于火成岩,还应观察其和火山机构的方位关系;对于沉积岩,还应观察岩石中所含化石的性质、分布和保存特征。

2. 三大类岩石的主要特征

三大类岩石在成分、结构、构造及产状等方面各具特性,它们的简要地质特征如表 2-10所示。

表 2-10　　　　　　　　　　三大类岩石的野外特征简表

火成岩	沉积岩	变质岩
1. 形成火山及各种熔岩流 2. 形成岩脉、岩墙、岩株、岩基等形态并切割围岩 3. 对围岩有热影响并致使其发生变质反应 4. 与围岩接触处火成岩边部有细粒淬火边 5. 除火山碎屑岩外,岩体中无化石 6. 多数无定向构造,矿物颗粒交织排列 7. 多为块状构造,常具气孔、杏仁、流纹构造	1. 在野外呈层状产出,并经历不同程度的分选作用 2. 岩层表面可出现波痕、交错层、泥裂等构造 3. 岩层横向延伸范围大 4. 沉积岩地质体的形态可能与河流、三角洲、沙洲的范围相近 5. 固结程度有差别,有些甚至未固结 6. 岩体中可发现化石	1. 岩石中的砾石、化石或晶体受到破坏 2. 多分布于造山带、前寒武纪地盾中 3. 可以分布于火成岩与围岩的接触带 4. 岩石的面理方向与区域构造线方向一致 5. 大范围变质岩分布区矿物的变质程度有渐变的现象 6. 大部分为片理构造,碎屑或晶体颗粒定向排列,部分具有块状构造

3. 野外观察和鉴定的主要步骤

为了准确地鉴定岩石的类别,野外一般遵循一定的程序。

第一步,通过各种途径了解拟考察区域的地质概况,重点掌握其地质构造、地质历史和可能的岩石类型分布情况。

第二步,根据三大类岩石的野外特征,初步判断所观察岩石是火成岩、变质岩还是沉积岩。

第三步,综合考虑岩石的矿物组成、结构(结晶程度、晶粒大小)、构造、颜色和其他特征,找到正确的分类位置。

第四步,针对缩小的岩石类型范围,通过相应的辅助手段(共生关系、断口、硬度、特殊矿物、遇酸起泡情况、可染色性等)更精确地确定岩石类型。

二、火成岩的观察与鉴定

1. 目的要求

(1)学习鉴定和描述火成岩手标本的步骤和方法。

(2)熟悉火成岩的结构、构造并能初步解释其成因。

(3)掌握描述火成岩基本特征的方法并能对其岩类进行肉眼鉴定。

2. 实习步骤和方法

(1) 由教师讲解肉眼观察、鉴定火成岩手标本的步骤和方法。

(2) 在教师指导下,观察火成岩手标本。

(3) 鉴定 3 块火成岩手标本并撰写鉴定报告。

3. 火成岩肉眼鉴定和描述内容及注意事项

火成岩手标本在肉眼鉴定时的观察描述内容主要包括岩石的颜色、结构和矿物成分,最后根据主要特征予以定名。具体内容和注意事项主要有三点。

(1) 颜色

岩石的颜色是指组成岩石的矿物颜色之总和,而非某一种或几种矿物的颜色。观察颜色时,宜先远观其总体色调,然后用适当颜色形容。火成岩的颜色也可根据暗色矿物的含量,即"色率"来描述。按色率可将火成岩划分为:

暗(深)色岩:色率为 60%～100%,如黑色、灰黑色、绿色等;

中色岩:色率为 30%～60%,如褐灰色、红褐色、灰色等;

浅色岩:色率为 0%～30%,如白色、灰白色、肉红色等。

反过来,亦可根据色率大致推断暗色矿物的含量,从而推知火成岩所属的大类(酸、中、基性)。这种方法对结晶质,尤其是隐晶质的岩石特别有用。

(2) 结构构造

火成岩按结晶程度分为结晶质结构和非晶质(玻璃质)结构。按颗粒绝对大小又可分为粗(>5 毫米)、中(1～5 毫米)、细(0.1～1 毫米)粒结构,以及微晶、隐晶等结构。其中特别应注意微晶、隐晶和玻璃质结构的区别。微晶结构用肉眼(包括放大镜)可看出矿物的颗粒,而隐晶质和玻璃质结构则用肉眼(包括放大镜)看不出任何颗粒。两者可用断口的特点相区别。隐晶质的断口粗糙,呈瓷状断口;玻璃质结构的断口平整,常具贝壳状断口。按岩石组成矿物颗粒的相对大小又可分为等粒、不等粒、斑状和似斑状等结构。因此,观察描述结构时,应注意矿物的结晶程度(自形程度)、颗粒的绝对大小和相对大小等特点。

火成岩常见的构造为块状构造,其次为气孔状构造、杏仁状构造和流纹状构造等。

(3) 矿物成分

对显晶质结构的岩石,应注意观察描述各种矿物,特别是主要矿物的颜色、晶形、解理、光泽等特征,并且估其含量(注意选择其最典型的性质进行描述)。尤其注意以下几方面:

① 观察有无石英(易与灰白色的斜长石混淆)、橄榄石出现,这两种矿物易于识别且专属性强,若有较多石英出现,则为酸性岩,若有橄榄石出现,则为超基性或基性岩;

② 观察有无长石,若含量较多则应鉴定长石的种类,并分别目估其含量;

③ 鉴定暗色矿物的成分,并且估其含量,特别注意辉石和角闪石,以及它们和黑云母(可用小刀从云母上剥下云母片)的区别;

④ 对具斑状结构或似斑状结构的岩石则应分别描述斑晶和基质的成分、特点、含量,基质若为隐晶质则可依据色率和斑晶推断其成分,若为玻璃质则只能依据斑晶来推断其成分。

4. 实习内容

(1) 基性岩:辉绿岩、玄武岩。

(2) 酸性岩:花岗岩。

(3) 火山玻璃岩:黑曜岩、浮岩。

5. 实习报告

描述辉绿岩、玄武岩、花岗岩、黑曜岩、浮岩的特征。

鉴定并描述3块未标明的火成岩标本(彩插"岩石鉴定作业"),填于表2-11中。

表 2-11 火成岩鉴定表

标本号	颜色	构造	结构	主要矿物成分及大致含量	分类		定名
					按 SiO_2 含量	按产状	
1							
2							
3							
4							

6. 思考题

(1) 火成岩中的各种结构、构造是怎样形成的?

(2) 如何区别火成岩中的正长石与斜长石、角闪石与辉石?

(3) 流纹岩是否都有流纹构造? 如何区别流纹岩与花岗斑岩?

(4) 举例说明鉴定火成岩手标本的一般步骤和方法。

三、沉积岩的观察与鉴定

1. 目的要求

(1) 认识沉积岩的各种结构、构造特征。

(2) 掌握沉积岩手标本的观察和描述方法。

(3) 学习沉积岩的肉眼鉴定和定名方法。

2. 实习步骤和方法

与火成岩的识别与鉴定相同。

3. 主要沉积构造(原生构造)类型及观察内容

许多沉积构造可在野外大范围出露,应做宏观描述。对于室内手标本,应注意观察较微细的构造部分。

(1)层理:描述手标本上水平层理、小型交错层理的鉴别特征,注意观察小型交错层理中细层与层理的关系。

(2)层面构造:包括波痕、雨痕、泥裂、生物痕迹等。注意观察泥痕及其延伸方向、泥裂的V形特点,识别上层面与下层面。

(3)缝合线:注意"面"与"线"的关系,了解缝合线的成因和意义。

(4)结核:观察硅质结核、铁质结核,注意结核的物质成分及形态的差异。

4. 碎屑岩的肉眼鉴定

(1)颜色

在一定程度上反映了岩石的组分和形成环境。如石英砂岩由于成分单一,颜色多为浅色;岩屑砂岩则因成分复杂,颜色多为灰绿色、灰黑色等。另外,对次生(风化)色有时亦需描述。

(2)结构

若为砾状结构的岩石,可用尺子直接测量颗粒的大小,目估圆度、球度和各种粒径砾石的含量,以确定其分选性。对具砂状结构的岩石应尽量目估其颗粒大小,同时估计各粒级的含量以确定其分选性。砂级碎屑颗粒大小可以通过粒度对比进行快速鉴定;对于粉砂和黏土级的沉积物,可以用牙咬一小块岩石,有砂感的为粉砂质。

磨圆度:用肉眼(包括放大镜)观察并确定碎屑的磨圆度。对磨圆度的观察描述,一般对中砂和大于中砂粒级的岩石才具有意义。

分选性:肉眼描述时,目估同一粒级颗粒的含量,>75%为分选好,75%~50%为分选中等,<50%为分选差。

(3)构造

若手标本上能见到层面和层理构造则应尽量描述。若手标本上见不到特殊的构造,则表明该岩石的岩层厚度较大,一般将其称为块状构造即可。

(4)成分

碎屑岩的成分主要描述碎屑颗粒和胶结物两部分的物质成分。

① 碎屑颗粒成分:包括矿屑和岩屑。常见的矿屑有石英、长石和白云母。岩屑多出现在较粗的碎屑岩中,常见的岩屑为石英、砂岩、粉砂岩、燧石和中酸性岩等。在观察鉴

定岩石时,要求鉴定出主要矿物和岩屑名称。

② 胶结物成分:常见的胶结物成分有钙质、硅质、铁质、泥质四种。主要鉴定方法见表 2-12。

表 2-12　　　　　　　　　　　　　不同胶结物成分的区别

胶结物成分	常见颜色	岩石固结程度	胶结物硬度	加稀盐酸
钙质	灰白	中等	<小刀	剧烈起泡
硅质	灰白	致密坚硬	>小刀	无反应
铁质	红、褐	致密坚硬	≈小刀	无反应
泥质	灰白	松软	<小刀	无反应

（5）小结

表 2-13 为陆源碎屑岩结构特征鉴定汇总表,可根据表中内容依次确定待鉴定碎屑岩的特征,通过多元信息综合判断所鉴定岩石的种类并定名。

表 2-13　　　　　　　　　　　　　陆源碎屑岩结构特征鉴定表

颗粒结构	粒度	按粒径大小	砾、砂、粉砂、泥	分选性	好:主要粒级含量>75% 中等:主要粒级含量 50%～75% 差:主要粒级含量<50%		
	形态	圆度	棱角状圆状	球度	好差	形状	长扁球体、椭球体、圆球体
	表面特征		光滑程度、刻痕类型和特征等				
胶结物结构	结晶程度		非晶质				
			隐晶质				
		显晶质	排列方式	显晶粒状结构、嵌晶结构、带状(薄膜状)结构、再生(次生加大)结构等			
胶结类型			硅质胶结、钙质胶结、铁质胶结、泥质胶结				
支撑方式	杂基支撑	胶结类型	基底式胶结				
	颗粒支撑		孔隙式胶结、接触式胶结、镶嵌式胶结				
孔隙结构			孔隙的含量、类型、大小、几何形状、连通性、分布状况等				

（6）碎屑岩的命名

碎屑岩主要是根据碎屑粒级确定岩石的基本名称(砾岩、砂岩、粉砂岩等),再根据岩石的颜色和成分(碎屑成分和胶结物成分)予以定名(图 2-20),命名方式一般为:

颜色＋(胶结物成分)＋(次要碎屑成分)＋主要碎屑成分＋基本名称

如黄褐色钙质石英粗砂岩,灰色长石石英细砂岩等。

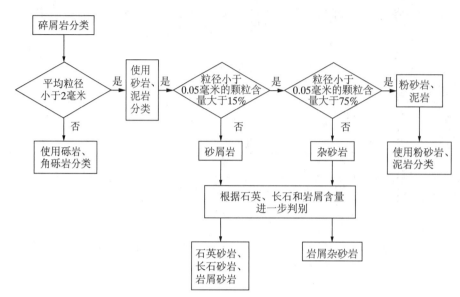

图 2‑20 碎屑岩鉴定流程示意图

5. 碳酸盐岩的观察描述内容及注意事项

(1) 颜色

碳酸盐类岩石一般为浅色,且以灰色、灰白色为主,但因混入物成分和含量不同,可呈现不同的颜色。如混入有机质者为深灰色或黑色;混入氢氧化铁者为紫色、褐红色等;混入含铁白云石呈米黄色或褐色。据其颜色可大致推测混入物的成分,描述颜色要以总体色调为准。

(2) 成分

碳酸盐类岩石的主要矿物成分是方解石和白云石。由此而将其划分为石灰岩(方解石含量>50%)和白云岩(白云石含量>50%)两大类,有时因含有较多的黏土矿物,可形成与泥质岩过渡的泥灰岩。碳酸盐类岩石的矿物成分一般主要根据与稀盐酸(5%)反应试验,必要时采用茜素红染色加以分辨。

① 加稀盐酸剧烈起泡并嘶嘶作响者,主要成分为方解石,应为石灰岩。

② 加稀盐酸微弱起泡,主要由白云石组成,应为白云岩。

③ 加稀盐酸剧烈起泡后,留下泥质残渣者,说明其主要成分除方解石外,还有大量泥质(黏土矿物),应为泥灰岩。

④ 遇茜素红可染成紫红色者为石灰岩,不能染色者应为白云岩。

（3）结构和构造

碳酸盐岩中石灰岩类结构类型较复杂，可分为碎屑结构、生物碎屑结构和晶粒结构三类。白云岩一般为晶粒结构。

碎屑结构：可见明显碎屑颗粒，如竹叶状内碎屑、鲕粒、核形石、生物碎片等。

生物碎屑结构：可见到大量生物骨架。

晶粒结构：方解石晶粒粒径＞1毫米为粗晶，0.25～1毫米为中晶，0.05～0.25毫米为细晶，＜0.05毫米为泥晶。

（4）碳酸盐岩定名

碳酸盐岩的基本名称以矿物成分确定，然后加上颜色、结构则为岩石的全称，即颜色＋结构＋基本名称，如灰色鲕状灰岩、深灰色细晶白云岩等。

6. 实习内容

（1）陆源碎屑岩：砾岩、砂岩、泥岩。

（2）碳酸盐：石灰岩、白云岩、礁灰岩。

（3）火山碎屑岩：凝灰岩。

7. 实习报告

（1）描述石英砂岩、石灰岩、凝灰岩、礁灰岩手标本的特征。

（2）鉴定3块未标明名称的沉积岩标本（彩插"岩石鉴定作业"）。

8. 思考题

（1）如何识别沉积岩的原生色与次生色？

（2）如何区别沉积岩的层理构造与喷出岩的流纹构造？

（3）如何鉴别沉积岩中的铁质、硅质、泥质与钙质胶结物的类型？

（4）如何区分下列几组岩石：粉砂岩与泥岩、泥灰岩与泥岩、石灰岩与白云岩？

四、变质岩的观察与鉴定

1. 目的要求

（1）认识变质岩的各种结构、构造特征。

（2）掌握变质岩的观察、鉴定和描述方法。

（3）能够基本确定变质岩的岩类并进行初步定名。

2. 实习步骤和方法

和火成岩的识别与鉴定相同。

3. 区域变质岩肉眼观察描述内容及其注意事项

变质岩肉眼观察描述的内容、方法与火成岩、沉积岩相似，主要包括以下内容。

（1）颜色

变质岩的颜色比较复杂，它既与原岩有关又与变质岩的矿物成分有关。因此，颜色虽有助于鉴定矿物成分，但与其他两大类岩石的颜色相比，则重要性较差。变质岩的颜色常不均一，应注意观察其总体色调。

（2）结构、构造

区域变质岩的结构主要为变晶结构，仅少数为变余结构。变晶结构在肉眼下很难与结晶质结构区别。描述变晶结构时同样应注意矿物的结晶程度、颗粒大小、形状等特点。

区域变质岩最典型的构造是由矿物按一定方向排列而成的定向构造，即片理。片理是变质岩特有的构造。根据其剥开的难易，剥开面的平整程度和光泽，结合矿物重结晶大小、结晶程度等特征，可将片理中的板状、千枚状、片状和片麻状四种构造区分开。

区域变质岩中亦有具块状构造者，如大理岩。

（3）矿物成分

描述变质岩的成分时，应注意主要矿物、次要矿物和特征变质矿物。一般，按矿物含量从多到少的顺序进行描述。

（4）岩石的命名

区域变质岩中具有定向构造的岩石，以定向构造为其基本名称。若肉眼可识别出主要矿物或特征变质矿物时，亦应作为定名内容。一般命名原则可概括为：

颜色＋（矿物成分）＋基本名称

如蓝灰色蓝晶石片岩、角闪石斜长片麻岩。

4. 接触变质岩、动力变质岩和混合岩的观察描述内容和注意事项

（1）接触变质岩

接触变质岩，颜色成分较复杂多变，与原岩成分及交代作用有密切关系，典型岩石为夕卡岩，常含多种金属矿物。接触热变质岩的典型岩石石英岩和大理岩是典型的致密变晶结构，块状构造。两者外观相似但硬度相差较大，鉴别时应注意观察两者的硬度。

（2）动力变质岩

此类岩石的基本类型是根据变形行为、破碎程度和重结晶程度确定的，如角砾岩、糜棱岩、千糜岩的破碎程度和重结晶程度逐步增加。

（3）混合岩

注意区分基体部分和脉体部分，一般前者颜色较深，常为深灰色、灰色等，后者颜色较浅，常为灰白色、肉红色等。同时注意脉体贯穿的形态，如条带状混合岩、斑点状混合岩等。

5. 实习内容

（1）主要变质岩：石英岩、大理岩、板岩、千枚岩、片岩、片麻岩。

（2）比较三大岩类主要岩石特征。

6. 实习报告

（1）描述大理岩、片麻岩、石英岩手标本的特征。

（2）鉴定3块未标明名称的变质岩标本（彩插"岩石鉴定作业"），填于表2-14中。

表2-14　　　　　　　　　　变质岩鉴定表

标本号	名称	颜色	构造	结构	主要矿物成分及含量	变质作用类型	定名
1							
2							
3							
4							

7. 思考题

（1）如何识别片理构造与层理构造、片麻构造与流纹构造？

（2）如何区别下列几组岩石：片麻岩与花岗岩、岩屑砂岩，板岩与泥岩，砾岩与麻粒岩，大理岩与石灰岩，片岩与页岩？

五、岩石观察与鉴定的自主实习

自主实习区域为海福巷中心校区防护大楼及馨园周边区域。

1. 作业1：请仔细观察彩插"自主实习作业（一）"后回答如下问题

（1）图中岩石为何种类别？依据是什么？

（2）请对比并说出A、B两处岩石在颜色（色率）、结构、构造、矿物组成方面的异同。

（3）请给图中出现的3种岩石定名。

（4）B处两种岩石形成的先后顺序是怎样的？为什么？

2. 作业2：请仔细观察彩插"自主实习作业（一）"后回答如下问题

（1）图中岩石应归为何种类别？依据是什么？

（2）请对比并说出三处岩石在颜色、结构、构造、矿物组成方面的异同。

（3）请给图中出现的3种岩石定名。

（4）当岩石中矿物颗粒肉眼不可分辨时,如何确定岩石类别?

（5）如何区分粉砂岩、泥岩和石灰岩?

3. 作业 3:请仔细观察彩插"自主实习作业(二)"后回答如下问题

（1）图中岩石为何种类别? 依据是什么?

（2）请对比并说出两处岩石在颜色、结构、构造、矿物组成方面的异同。

（3）请为图中 2 种岩石定名,并推测其母岩类型和成岩环境。

（4）试论述石英砂岩和石英岩的异同,并在馨园中找到石英岩。

（5）试着了解海福巷校区馨园中"南极石""地震石""亮剑石"背后的故事。

第三章

地质图的阅读与分析

第一节 地质图的基本知识

地质图是用规定的符号、颜色和花纹等将地壳上某一区域的各种地质体和地质现象（如地层、岩体、构造、化石、矿床等的规模、产状、分布、形成时代及相互关系）按照一定的比例尺概括地垂直投影到水平面（地形底图）上的一种图件。地质图是地质体抽象化、图形化的结果，能够反映图区内地层、岩浆活动、构造变动及地质发展历史的主要特征，具有科学性、准确性和易读性。

从信息传递的角度来看，地质图是信息的运载工具，制图者将其对图区地质体和地质现象的认识通过标准化的符号体系制作成地质图，而读图者通过约定俗成的规则和对地质现象规律的认识解译出图中所含信息，形成对图区地质体的认知。

除普通地质图外，还有按工作性质和任务要求测绘内容不同的专门地质图，如构造地质图、水文地质图、工程地质图和第四纪地质图等。

一、地质图的分类和要素

1. 地质图的分类

将地质调查获得的所有信息表现在一张图上显然是不可能的，因此，需要根据不同的需求将不同类的信息进行组合编制，形成不同类型的地质图。地质图的分类主要依据内容、比例尺、用途及表现形式等。

（1）按内容可以分为：普通地质图、岩石地质图、构造图、地球物理图、航空相片和卫星相片解译图、水文地质图、第四纪地质图、岩相古地理图、矿产图等。

（2）按详细程度和比例尺可分为：踏勘性质测量（1∶50 万或 1∶100 万）、区域地质测量（1∶10 万或 1∶25 万）、详细地质测量（1∶5 万、1∶2.5 万）、专门性地质测量（一般 1∶2.5 万以上）。我国常用的比例尺有 1∶1 万、1∶2.5 万、1∶5 万、1∶10 万、1∶25 万、1∶50 万和 1∶100 万。其中 1∶5 万以上的一般称为大比例尺图，1∶10 万～1∶25 万的一般称为中比例尺图，1∶50 万～1∶100 万的一般称为小比例尺图。

（3）按用途可分为：专用地质图、详细地质图、区域地质图和概略地质图。

（4）按表现形式可分为：平面图、剖面图和柱状图。

2. 地质图的要素

正规地质图均有统一的规格,除正图部分外,还应该有图名、比例尺、图例和责任表(图3-1)。

(1)图名

常书写于图的正上方,表明图幅所在地区和图的类型,一般采用图区内主要城镇、居民点或主要山岭、河流等命名。

(2)比例尺

又称缩尺,用以表明图幅反映实际地质情况的详细程度。地质图的比例尺与地形图或地图的比例尺一样,有数字比例尺和线条比例尺,一般标注于图框外上方图名之下或下方正中位置。

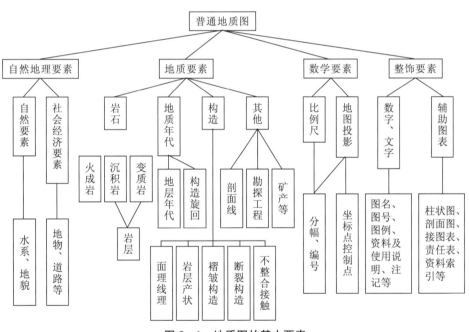

图3-1 地质图的基本要素

(3)图例

不同类型的地质图各有其表示地质内容的图例。普通地质图的图例是用各种规定的颜色和符号来表明地层、岩体的时代和性质。图例通常放在图框外的右边或下边,也可放在图框内的空白处。图例画成大小适当的长方形格子排成整齐的行列,按地层、岩石和构造的顺序排列,并在它们前面写上"图例"二字。

地层图例一般自上而下由新到老,方格左侧注明时代,右侧注明岩石性质,如绘在下方,则自左至右由新到老。

岩石图例放在地层图例之后,已确定时代的喷出岩、变质岩要按其时代排列在地层图例相应位置上。火成岩体图例放在地层图例之后,已确定时代的岩体可按新老顺序排列,时代未定的岩体按酸性到基性顺序排列。

构造符号的图例放在地层、岩石图例之后,一般排列顺序是地质界线、褶皱轴迹(构造图中才有)、断层、节理以及产状要素等,除断层线用红色线外,其余都用黑色线。实测与推断的地层界线、断层线,图例与图内都应有所区别。

图内表示出的地层、岩石、构造及其他地质现象应无遗漏地有图例,图内没有的不能列图例。地形图的图例一般不标注在地质图上。

(4)责任表

图框外左上侧注明编图单位,右上侧写明编图日期,左下侧注明编图单位、技术负责人及编图人,右下侧注上引用的资料单位、编制者及编制日期。也可将上述内容列绘成"责任表"放在图框外右下方。

在小比例尺图上要画上经纬度以表明其地理位置。

二、地质剖面图

地质图常附一幅或几幅切过图区主要构造的剖面图,以便补充说明全区主要地质构造向地下的延伸情况。剖面图通常垂直于全区的主要构造线。

剖面图要标明图名,通常是以所在地名及所经过的主要地名作为图名。剖面在地质图上的位置用一细线标出,两端注上剖面代号,如Ⅰ、Ⅰ'。

剖面图的比例尺应与地质图的比例尺一致,如剖面图附在地质图的下方,可不再注明水平比例尺,但垂直比例尺应标示在剖面两端竖立的直线上,选比本区最低点更低的某一标高作基线,然后以基线为起点在竖直线上注明各高程数。

剖面图两端的同一高度上必须注明剖面方向(用方位角表示)。剖面所经过的山岭、河流、城镇等重要地理标志名称应在剖面上相应位置标注。

剖面图一般北左南右,西左东右,南西和北西在左边,北东和南东端在右边。剖面图与地质图所用地层符号、色谱应该一致。剖面图内一般不宜过多留空。地下的地层分布、构造形态应该根据该处地层厚度、层序、构造特征适当推断绘出,但不宜推断过深。

三、地质柱状图

地质柱状图是根据野外实测或钻探等手段获取的地层资料,经过整理,按照新、老地层的叠置关系恢复成水平状态而编制的一种表格式柱状图件。柱状图可以反映图区的地层岩性、层序、时代、厚度、接触关系、水文地质特征、沉积相特征等。

1. 实测地层柱状图和钻孔柱状图

在地质勘探的不同阶段,所采用的方法手段有较大差异。根据露头实测或钻孔资料编制的柱状图分别称为实测地层柱状图和钻孔柱状图。

钻孔柱状图是应用极广的基础地质图件之一。钻孔柱状图依据岩层的伪厚度(钻孔所穿过的厚度)来编图,其基本依据是钻孔岩芯的分层情况和每层的厚度。比例尺一般为1∶100、1∶200或1∶500,基本原则是所选用的比例尺能够使主要岩层,特别是标志层的特征能够在图中得到准确反映。

钻孔柱状图目前还没有统一的格式,不同行业的格式差别较大。但一般情况下应包括:钻孔基本信息(钻孔编号、孔口高程、完井深度等)、地层系统、地层层序、标志层信息、地层分界线、各层岩芯的分层厚度、岩性描述、岩层倾角、井深结构等。

2. 综合地层柱状图

地质图或地质报告中常附工区的综合地层柱状图,主要反映全区地层层序、厚度、时代、岩性、接触关系、化石、水文地质以及岩浆活动情况等。其内容、格式与实测地层柱状图和钻孔柱状图基本相似,但它是在地层详细划分与对比的基础上,经过数据的统计和分析综合而成,更注重反映地层岩性在区域内的变化。

综合地层柱状图是按工作区所有出露地层的新老叠置关系恢复成水平状态而切出的一个具代表性的柱子。在柱子中标示出各地层单位或层的厚度、地质年代及地层系统、接触关系等。一般只绘地层(包括喷出岩),不绘侵入体。用岩石花纹表示的地层岩性柱子的宽度,可根据所绘柱状图的长度而定,使之宽窄适度,美观大方,一般以2～4厘米为宜。

综合地层柱状图可以附在地质图的左边,也可以单独绘成一幅图。比例尺可根据反映地层详细程度的要求和地层总厚度而定。图名书写于图的上方,一般标为"XX 地区综合地层柱状图"。

第二节　岩层在地质图上的表现

岩层是组成地壳和地质构造的最基本单位,对岩层的分析是划分构造层和分析构造发展史的基本依据。不同产状的岩层在地质图上有不同的表现。

一、水平和垂直岩层

水平岩层在地面和地形地质图上的特征是地质界线与地形等高线平行或重合;在沟谷处界线呈"尖牙"状,尖端指向上游;在孤立的山丘上,界线呈封闭的曲线。在未发生倒转的情况下,老岩层出露在地形的低处,新岩层分布在高处。

水平岩层的厚度即为该岩层顶面、底面的高差。岩层露头宽度取决于岩层厚度和地面坡度,当地面坡度一致时,岩层厚度大的,露头宽度也大;当厚度相同时,坡度陡处,露头宽度小;在陡崖处,水平岩层顶、底界线投影重合成一线,造成地质图上岩层发生"尖灭"的假象。

垂直岩层在地形地质图上的特征是地质界线与地形等高线无关,在未发生褶皱的情况下一般呈直线。露头的宽度与实际岩层宽度相同。

二、倾斜岩层的判读

1. 倾斜岩层的产状及其表示方法

倾斜岩层,是指岩层改变了原始产状而向某一方向倾斜,岩层面与水平面有一定夹角,同一岩层面不同位置具有不同海拔高度。倾斜岩层的产状包括走向、倾向、倾角。

倾斜岩层产状三要素的文字表示方法目前还不统一,大致上有两种:

(1)象限角表示法:用走向/倾角、倾向象限表示。

方位分别用四个象限表示,如要表示走向北东 60°、倾向 150°、倾角 40°,则表示为 N60°E/40°SE,即走向为北偏东 60°,倾角为 40°,向南东倾斜。

(2)方位角表示法:用倾向方位角∠倾角表示。该方法只记倾向和方位角,使用较简便。如 330°∠35°或 NW330°∠35°表示倾向为 330°(从正磁北顺时针量的方位角),倾角为 35°。

地质图(图3-2)上常用特定的符号来表示岩层的产状,常用符号及其意义如下:

┣30°长线为走向,短线箭头表示倾向,数字表示倾角。长短线要按照实际方位标绘在地质图上。

┼水平岩层,倾角为0°~5°。

┿直立岩层,长线为走向,箭头指向新岩层。

⇁倒转岩层,长线表示走向,箭头指向倒转后的倾向,即指向老岩层,数字为倾角。

2. 倾斜岩层的出露特征

倾斜岩层的露头宽度取决于地形(坡向和坡角)、岩层产状和该岩层的厚度。

当地形和产状不变时,岩层实际厚度越大,露头宽度越大;当地形和岩层厚度不变时,岩层倾角越小,露头宽度越大;岩层产状和厚度不变时,地形越缓,露头越宽。必须注意的例外情况是,当岩层倾向与坡向相同但坡角小于倾角时,坡度越大,露头越宽。

3. "V"形法则

岩层的出露形态受岩层的产状和地形坡度的共同影响。倾斜岩层在地质图上常呈条带状分布,判断岩层的倾向和地层的关系可以利用"V"形法则,即"相反相同、相同相反、相同相同"(图3-3)。

(1)相反相同

当岩层倾向与坡向相反时,岩层界线与地形等高线弯曲方向一致,但地质界线的弯曲程度要小。

(2)相同相反

当岩层倾向与坡向相同,但岩层倾角大于坡角时,岩层界线与地形等高线的弯曲方向相反。

(3)相同相同

当岩层倾向与坡向相同,但岩层倾角小于坡角时,岩层界线与地形等高线的弯曲方向一致,但地质界线的弯曲程度要大。

应用"V"形法则时需注意,当倾斜岩层走向与沟谷或山脊延伸方向直交时,所产生的"V"字形大体上是对称的;如果二者斜交,则"V"字形是不对称的。若岩层倾向与沟谷方向一致,倾角与坡角也相等,则露头沿沟谷两侧平行延伸。

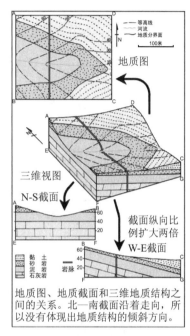

图3-2　地质结构在地质图上的体现

地质图、地质截面和三维地质结构之间的关系。北—南截面沿着走向,所以没有体现出地质结构的倾斜方向。

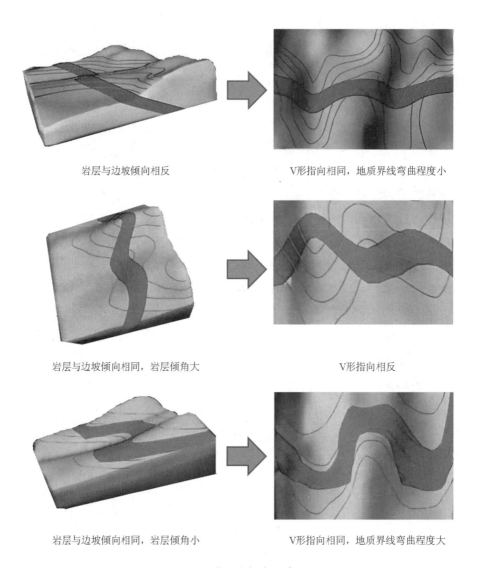

岩层与边坡倾向相反　　　　　　　　　　　V形指向相同，地质界线弯曲程度小

岩层与边坡倾向相同，岩层倾角大　　　　　　　　V形指向相反

岩层与边坡倾向相同，岩层倾角小　　　　　V形指向相同，地质界线弯曲程度大

图 3 – 3　"V形法则"示意图

三、在地形地质图上确定岩层产状要素

　　岩层的产状可以直接用地质罗盘在野外测量（具体方法见下章），但在很多情况下，要根据资料间接求得。产状要素的间接求法主要有两种：作图法和计算法。

　　作图法适用于大比例尺地形地质图上，且要求在测定范围内，岩层产状稳定，无小褶皱或断层的干扰。

1. 岩层走向和倾向的确定

根据岩层产状的定义,岩层的走向为岩层与水平面的交线方向,倾向为水平面上与走向垂直并指向岩层倾斜方向的射线方向,倾角为倾向线与岩层面的最小夹角。实际测量时,可以在岩层上制造小水流或利用圆形物体滚落轨迹帮助确定倾角(图3-4)。

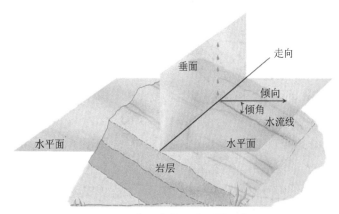

图3-4　岩层产状及其测量示意图

在地质图上,可以根据两点定线的方式确定岩层的走向,沿某一岩层的地质界线搜索,找到该地质界线与同一高程等高线的两个交点,连接两个交点得到的直线即为该岩层的走向线。沿该岩层地质界线与另一高程等高线(一般取与前一高程等高线相邻的高程等高线)的交点可以确定另一条走向线(一般与前一条平行)。作直线垂直于该走向线,由较高处指向较低处的方向,该直线即为岩层的倾向线(图3-5)。

2. 岩层倾角的确定

在图3-6(a)立体透视图中,某砂岩层的上层面与100米和150米高的两个水平面相交得Ⅰ—Ⅰ和Ⅱ—Ⅱ两条走向线,沿层面作它们的垂线AB即为倾斜线;AB与其水平投影AC的夹角即为岩层的倾角,CA方向为倾向。在直角三角形ABC中,BC为两条走向线的高差。因此,只要能作出同一层面不同高程的相邻两条平行的走向线,再根据其高程和平距,即可求出岩层在该处的产状要素。

求解步骤如下:

(1)将砂岩层的上层面界线与100米和150米的两条等高线的交点Ⅰ、Ⅰ和Ⅱ、Ⅱ分别相连,得走向线Ⅰ—Ⅰ和Ⅱ—Ⅱ。

(2)从150米高程的走向线Ⅱ—Ⅱ上任一点C作一垂线与100米高程的走向线Ⅰ—Ⅰ交于A点,则CA代表倾向(从高指向低)。根据两走向线高差50米,按地质图比例尺取BC线段(如1厘米=50米)得直角三角形ABC。

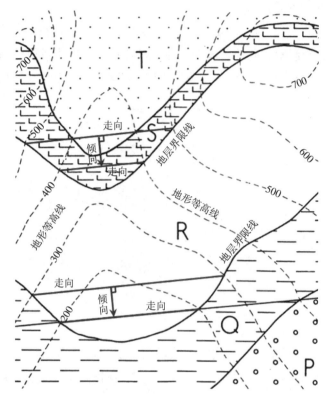

图 3-5 在地质图上确定岩层走向和倾向(底图改自 G M Bennison)

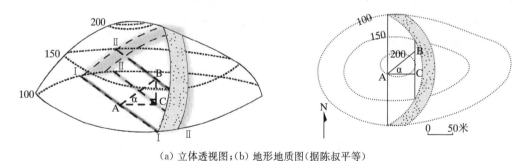

(a) 立体透视图;(b) 地形地质图(据陈叔平等)

图 3-6 作图法求解岩层产状示意图

（3）用量角器量出∠BAC 即得出岩层倾角 α 值,或按地质图比例尺求出 AC 长度,已知 BC 为 50 米,可由 tan α＝BC/AC 求出 α 的度数,并量出 CA 的方位角即为岩层的倾向。

四、不整合面的特征

据地质图上出露的地层年代及层序可确定不整合类型。

如在图区内两个不同年代地层之间存在地层缺失,即两个地层年代层序不连续,而两个地层产状一致,界线基本平行,则为平行不整合。

如两个地层产状不平行,较新地层的底面界线截过不同时代的较老地层界线,则为角度不整合。较新地层的底面界线与不整合面大致平行。

第三节　褶皱区地质图分析

一、主要方法

1. 首先从地质图的图例或地层柱状图上了解图区出露地层的年代、层序和接触关系。

2. 概略地认识图区新老地层的分布和延展情况,了解其地貌特征,并结合比例尺分析地形对地层露头分布形态和出露宽度的影响。

3. 判断地层分布是否有对称重复现象,并结合地层新老关系和地层产状,分辨出背斜和向斜,进而分析褶皱的形态和组合特征。

认识褶皱的关键是确定核及两翼、两翼产状、转折端形态、轴面和枢纽产状。

二、褶皱形态的描述

一般描述内容包括褶皱名称(地名加褶皱类型)、地理位置及其所在区域构造部位、分布延伸情况、核部位置及组成地层、两翼地层产状及转折端形态、轴面及枢纽产状、次级褶皱分布特征及褶皱被断层或侵入岩体破坏的情况等。

里卡德(Rickard)在总结前人研究的基础上,根据褶皱的轴面倾角、枢纽倾伏角和枢纽侧伏角三个变量,将褶皱分为直立水平褶皱、直立倾伏褶皱、倾竖褶皱、斜歪水平褶皱、平卧褶皱、斜卧褶皱和斜歪倾伏褶皱七种基本类型(图 3 - 7),其中 0°～10°为水平,10°～80°为倾斜(斜歪)或倾伏,80°～90°为竖直或直立。

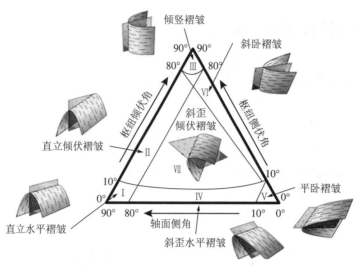

图 3－7　里卡德褶皱位态分类三角图

三、对单个褶皱形态的认识和分析

1. 区分背斜和向斜

从一个老地层或新地层着手,沿地层延伸方向的横向观察,如老地层两侧依次对称地分布着新的地层,为背斜,反之则为向斜。通常,背斜与向斜毗邻。

2. 确定两翼产状

两翼产状及其变化主要从图上标绘的信息去认识和分析,也可以根据同一岩层在褶皱两翼露头宽度的差异,定性地对比两翼的倾角大小。这种分析须以岩层厚度基本稳定、地形起伏不大或褶皱两翼的地面坡度相似为前提,露头宽度只与岩层倾角大小有关,露头宽度小的一翼倾角大。

3. 倒转翼的确定

通常在褶皱倾伏端的岩层层序和产状是正常的。如果有倒转翼,则倒转翼的岩层从翼部向倾伏端方向,倾角一般由缓变陡,到倾伏端转折附近岩层会出现产状直立。在褶皱倾伏端和翼部,岩层露头宽度一般比在倾伏端附近的直立产状部分露头宽度要大。因此,如果褶皱岩层露头从翼部向倾伏端追踪,在倾伏转折附近,露头宽度出现变小的现象,则该翼可能是倒转翼。

上述判断两翼产状的方法适用于形态和产状较简单的褶皱,倾竖褶皱、平卧褶皱和斜卧褶皱或地形变化复杂时不适用。

4. 判断轴面产状

要较准确地确定褶皱轴面的产状,可以通过系统地测量两翼同一岩层产状,用极射赤平投影方法或几何作图法来确定。

在地质图上,也可以从两翼产状大致判断出轴面产状。如两翼倾向相反、倾角大致相等,则轴面直立;两翼倾向、倾角基本相同,则轴面产状也与两翼产状基本一致。对于两翼产状不等或一翼倒转的褶皱,无论背斜或向斜,其轴面大致与倾角较小的一翼的倾斜方向一致,除平卧褶皱和等斜褶皱外,轴面倾角一般大于缓翼倾角,而小于陡翼倾角。

5. 枢纽产状和轴迹的确定

当地形平坦且褶皱两翼倾角变化不大时,两翼地层界线基本上平行延伸,可认为褶皱枢纽水平;如两翼岩层走向不平行,或两翼同一岩层界线呈交会或弧形转折弯曲,可认为褶皱枢纽是倾伏的,在倾伏背斜两翼同一岩层界线在枢纽倾伏处交会成 V 形,V 形尖端指向枢纽倾伏方向。向斜则反之。沿延伸方向核部地层出露宽窄的变化也能反映枢纽的产状,核部变窄或闭合的方向是背斜枢纽倾伏方向,或向斜枢纽仰起方向。褶皱各层转折端点的连线即为轴迹(图 3-8)。

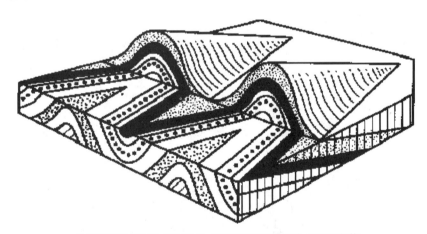

注意岩层新老关系、岩层产状、之字形弯曲及转折端、对称重复等

图 3-8　倾伏褶皱示意图

上述确定枢纽产状和轴迹的方法只适用于轴面近直立或陡倾的倾伏褶皱及地形比较平缓的情况。对于轴面呈中等或缓倾的倾伏褶皱,或地形起伏复杂的情况,褶皱岩层界线弯曲转折端点的连线既不能代表枢纽倾伏方向,也不一定是轴迹。因此在阅读褶皱区地质图时,要多从褶皱两翼产状、褶皱岩层界线的分布形态与岩层产状和地形的关系等方面综合分析,才能对褶皱有正确的认识。根据两翼产状用极射赤平投影方法或几何作图方法确定枢纽和轴面产状是比较可靠的方法。

6. 转折端形态认识

在地形较平缓的情况下,轴面直立或陡立的倾伏褶皱,在地质图上褶皱倾伏端的地层界线弯曲形态,大致可以反映褶皱在剖面上的转折端的形态。

四、穹隆与构造盆地

长与宽之比小于3:1的褶皱称为等轴褶皱,平面形态呈浑圆形,其中等轴向斜又称构造盆地,而等轴背斜称为穹隆(图3-9)。

大型穹隆一般发育在稳定的克拉通地区或造山带的前陆地区,通常是由于岩浆侵入或者方向直交的褶皱运动互相干扰造成的。在地质图上常用组成穹隆的某个标志层的构造等高线图来表示其详细的形态,由于盖层常常被侵蚀,因此其主要特征为中心是古老的岩层,四周越靠近边缘岩层越年轻。

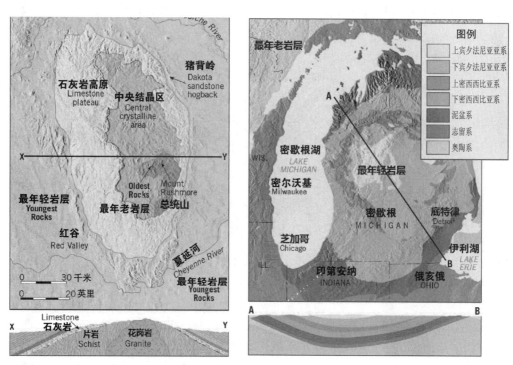

图3-9 穹隆与构造盆地在地质图上的表现(改自 F K Lutgens & E J Tarbuck)

构造盆地为一圆形或椭圆形区域,其四周地层均向中心倾斜。大型盆地几乎都是构造盆地,盆地的底部多为稳定地块,周围多为褶皱带或褶皱断块山(如四川盆地)。此外还有断陷盆地、坳陷盆地和向斜盆地。在地质图上,构造盆地的岩层分布与穹隆相反,中心为最年轻的岩层,而四周为较古老的岩层。

五、褶皱组合形式的认识和褶皱形成时代的确定

在逐个分析了图区的背斜、向斜之后,再从地质图对同一构造层诸褶皱的轴迹排列型式和剖面上的褶皱组合特征,确定和描述褶皱的组合形式,如雁行式、穹盆构造、隔挡式、隔槽式或复背斜、复向斜等。

确定褶皱形成时代的主要依据之一是地层间的角度不整合接触。在不整合面以下的褶皱形成于不整合面以下的最新地层年代之后,不整合面以上的最老地层年代之前。另一个主要依据是断层和侵入体与褶皱的穿插关系。被错断或被侵入的岩体形成年代晚于断层或侵入体。

第四节　断层地区地质图分析

一、断层性质的分析

1. 断层发育区地质特征概略分析

主要分析图区内出露的地层,建立地层层序,判定不整合的年代,研究新老地层分布及其产状,确定图区内褶皱和断层发育情况、岩浆活动特点及其与断层的关系等。

2. 断层面产状的判定

断层线是断层面在地面的出露线。因此,它和倾斜岩层的露头线一样,可根据其在地形地质图上的"V"形出露特征,判断断层的倾向,并用作图法求出断层面的产状。

3. 两盘相对位移的判定

断层两盘相对升降、平移并经侵蚀夷平后,如两盘处于等高的平面上,则露头和地质图上一般表现出以下规律:

(1)走向断层或纵断层,一般地层较老的一盘为上升盘,但当断层倾向与岩层倾向一致且断层倾角小于岩层倾角,或地层倒转时,则新地层的一盘是上升盘。

(2)横向或倾向正断层切过褶皱时,背斜核部变宽或向斜核部变窄的的一盘为上升盘。平移断层则两盘核部宽窄基本不变。

（3）倾斜岩层或斜歪褶皱被横断层切断时，如果地质图上地层界线或褶皱轴迹发生错动，那么它既可以是正断层造成的，也可以是平移断层造成的，这时应参考其他特征来确定其相对位移方向。若是由正断层造成的地质界线错移，则岩层界线向该岩层倾向方向移动的一盘为上升盘；若是褶皱，则向轴面倾斜方向移动的一盘为上升盘。

（4）斜向断层两盘相对运动方向需要从空间关系上进行判断。

确定了断层面产状和断层相对位移方向，就可确定断层的性质。但实践中往往由于断层效应的存在，判断断层性质变得多变且复杂。

二、断距的确定

断层两盘的相对移动统称为位移。假设 A 为断层发生前的一点，断层错断后变成了两个点 A 和 A′，这两个点的实际距离代表断层的真位移，称为总滑距。但是在自然界中，无法判断错断后的 A′ 点的位置，只能根据岩层特性找到错断的岩层，用对应岩层的位移来表示断层的错断程度。通常在垂直岩层走向的剖面上来计算错断的岩层的位移，这样计算的位移为视位移，一般称为断距（图 3 - 10）。

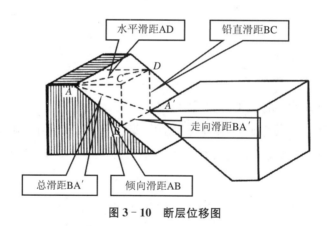

图 3 - 10　断层位移图

在大比例尺地形地质图上，如果两盘岩层产状稳定，且两盘地层产状未变，在垂直岩层走向方向上可以求出以下三种断距（图 3 - 11）。

（1）铅直地层断距：断层两盘同一层面的铅直距离。

在地质图上求铅直地层断距时，只要在断层任一盘上作某一层面某一高程的走向线，延长穿过断层线与另一盘的同一层面相交，此交点的标高与该走向线之间的标高差即为铅直地层断距。

（2）水平地层断距：断层两盘同一层面上等高的两点间的水平距离。

在地质图的断层两盘分别绘出同一层面等高的两条走向线,两条走向线间的垂直距离即水平地层断距。

（3）地层断距

用作图法求得铅直地层断距或水平地层断距后,可按下式计算地层断距:

地层断距 CF＝铅直地层断距 CE×岩层倾角的余弦

或

地层断距 CF＝水平地层断距 CD×岩层倾角的正弦

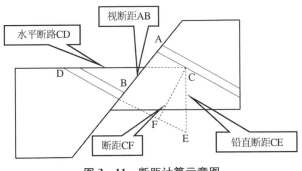

图 3-11 断距计算示意图

必须注意:上述断距的测定,是以岩层被错断后两盘的岩层产状未变为前提条件的,即以沿断层面没有发生旋转为条件。

三、地层重复与缺失

断层能够破坏地层层序,造成地面上出露的某些地层的重复或缺失。根据地层的重复或缺失情况可以判断断层性质。

根据断面及岩层的产状关系,可以出现如表 3-1 所示的六种典型情况,相应的示意图见图 3-12。

表 3-1 地层重复或缺失与断层性质的关系

断层性质	断层倾斜与地层倾斜的关系		
	倾向相反	倾向相同	
		断层倾角大于岩层倾角	断层倾角小于岩层倾角
正断层	重复(a)	缺失(b)	重复(c)
逆断层	缺失(d)	重复(e)	缺失(f)
两盘相对动向	下降盘出现新地层	下降盘出现新地层	上升盘出现新地层

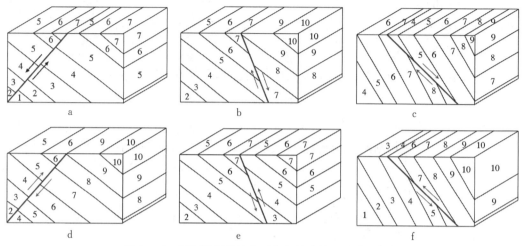

图 3－12　断层引起的地层重复与缺失的六种典型情况

　　断层与褶皱均能造成地层的重复,但一般断层造成的地层重复为不对称重复,而褶皱造成的地层重复一般是对称的。断层与不整合造成地层缺失也有明显的区别。断层造成的地层缺失只限于断层两侧,区域较小;而不整合造成的地层缺失区域范围大,不整合面上常有底砾岩或古侵蚀面。

四、断层的描述及形成年代的确定

　　断层描述内容一般包括断层名称(地名＋断层类型,或用断层编号)、位置、延伸方向、通过的主要地点、延伸长度、断层面产状、断层两盘出露的地层及其产状、地层重复或缺失、地质界线错开等特征,还包括两盘相对位移方向和断距的大小、断层与其他构造的关系、断层的形成年代及力学成因等。

　　断层形成年代的确定主要依据角度不整合关系、断层与断层的相互切割关系、断层与褶皱的切割关系及火成岩的侵入情况等。

第五节　地质剖面图

　　构造现象和地质体均为三维实体,而地质图仅为地质构造在二维平面内的投影。为了反映地质构造的全貌及相互关系,很多时候需要编制各种地质剖面图。

地质剖面图又称地质断面,指沿某一方向,显示一定深度内地质构造情况的实际或推断切面。地质剖面同地表的交线称为地质剖面线。表示地质剖面的图件称为地质剖面图。地质剖面图是研究地层、岩体和构造的基础资料。

一、绘制岩层地质剖面图

一幅正式的地质图通常附有一幅或几幅通过图区主要地质构造的地质剖面图,以反映图区构造形态及其组合特征。地质剖面图与地质图相结合,有助于使用者从三维空间去认识和恢复地质构造形态与产状。

绘制图切剖面的方法和步骤如下。

1. 选择剖面位置

在分析图区地形特征,地层的出露、分布和产状变化以及构造特点的基础上,要使所作的剖面尽量垂直于图区内的地层走向,并通过地层出露较全和图区主要构造部位。如果区域内不同区段地质构造有明显差异,可选择两条或多条剖面。位置选定后,将剖面线标定在地质图上。

2. 绘地形剖面

在绘图纸上画出剖面基线,长短与剖面相等,两端标注垂直线条比例尺,按等高间距作一系列平行于基线的水平线。基线标高一般取比剖面所过最低等高线高度再低 1~2 个间距的值,然后以基线为起点,按等高距依次注明每条平行线的高程并将基线与地质图上剖面线放平行。最后将地质图上剖面线与地形等高线各交点投影到相应高程的水平线上,按实际地形平滑连接相邻点。

3. 绘地质剖面

将地质图上剖面线与地质界线(地层分界线、不整合线、断层线等)的各交点投影到地形剖面曲线上,按各点附近地层倾向和倾角绘出分层界线。如剖面与走向斜交时,则应按剖面方向的视倾角绘分层界线。

(1)当地层之间存在不整合接触时,一般先绘出不整合界线,然后依次绘出不整合界线以上和以下的地层和构造。被不整合面掩盖的地质界线,可顺其趋势延伸至剖面线上,再将该点投影到不整合面,从此点绘出不整合面以下的地层界线和构造。

(2)图区内有断层时应先绘出断层线,确定断层两盘的地质界线,在断层上下盘标明断层名称、产状和断层两盘的运动方向。

(3)根据火成岩岩体产状,合理推断其在剖面上的表现特点。

4. 标绘花纹、代号

对各小层应按其岩性绘上相应的岩性花纹,并按照地质图要求注明地层代号。岩性花纹有时要附图例。

5. 整饰剖面图

按地质剖面图格式要求进行整饰。

6. 几个要注意的问题

(1)纵横比例尺要一致,否则要注明,并尽量画线比例尺;

(2)整合接触的岩层上下层倾角变化时要逐渐变化,不要突变;

(3)角度不整合要先画不整合面上再画其下,并按各自产状绘制;

(4)岩性花纹中的横线必须与分层界线平行,地层严格按产状绘制;

(5)先在米格纸上用铅笔轻画,等全部画完并调整好了,再上墨。

二、绘制褶皱地区剖面图

褶皱构造图切剖面有两种:一种是铅直剖面,一般横切褶皱延伸方向,它适用于在各种比例尺地质图上反映褶皱在与图面(水平面)垂直面上的褶皱特征;另一种是垂直于褶皱枢纽的剖面,称为横截面图或正交剖面图,对于构造变形较强烈、枢纽倾伏角较大的褶皱较复杂的地区,这种横截面图能比较真实地反映褶皱在剖面上的形态。横截面图通常是在比例尺较大的地质图上绘制。

顺着褶皱枢纽倾伏方向进行观察,会产生缩短视线的"侧瞰构造"效应。这种图是从地质图上用正投影方法绘制的,因此,一张能反映褶皱构造形态、出露较完整、标明有枢纽产状的地质图是绘制横截面图的基础。

1. 褶皱地区铅直剖面图绘制方法步骤

(1)分析图区地形和褶皱特征。分析时应注意地层界线的弯曲是与岩层产状和地形的影响有关还是与次级褶皱有关,如是次级褶皱,应在剖面上反映出来。

(2)选定剖面位置。剖面线应尽可能垂直褶皱轴迹延伸方向,且能通过全区主要褶皱构造,剖面线应标绘在地质图上。

(3)绘出地形剖面。方法同前。

(4)在剖面线上和地形剖面上用铅笔标出背斜和向斜的位置。除标出明显的褶皱外,对于剖面附近可能隐伏延展到剖面切过处的次级褶皱,也应将其轴迹线延到与剖面线相交处,也在剖面线和地形剖面上标出相应位置。

(5)绘出褶皱形态。将剖面线切过的地层界线的交点和褶皱(包括次级褶皱)的转折端位置均投影到地形剖面上。

2. 在绘褶皱构造时应注意几点

（1）剖面切过断层时,先画断层,然后再画断层两侧的地层和构造;

（2）绘褶皱构造应先从褶皱核部地层界线开始,逐次绘出两翼,并要注重表现出次级褶皱;

（3）剖面线与地层走向斜交时,应按地层的视倾角画出剖面,如剖面切过的地点无岩层产状数据,可按同一翼最邻近的产状数据来画;

（4）褶皱同一翼的相邻岩层的倾角相差较大,上下岩层又是整合接触关系,这可能是岩层倾角局部变陡或变缓的表现,可按两翼同一岩层厚度基本不变的前提,在地表处的岩层倾角可按所测量值绘,向深处则加以适当修正,使之逐渐与产状协调一致;

（5）轴面直立或近于直立的褶皱转折端的形态与它在平面上的倾伏端露头形态大致相似,在绘转折端形态时也可根据枢纽倾伏角作纵向切面,求出到所作剖面处核部地层枢纽的深度,然后结合该层两翼倾角及枢纽位置绘成圆弧。

3. 按地质剖面图内容和格式进行整饰

褶皱横截面图是铅直剖面图在褶皱横截面上的投影。

具体绘制方法可参见图 3-13 的简单实例。

第六节　地质图综合分析

一、目的要求

掌握综合分析具有褶皱、断层和火成岩岩体的地质图的方法,简述各类构造的特征和构造发展史。

二、阅读地质图的一般步骤和方法

基本步骤可以概括为:先图外,后图内;先地形,后地质;先地层,后结构。

1. 了解地质图的基本规格

读地质图首先要看图名、比例尺和图例。从图名和图幅代号、经纬度了解地理位置

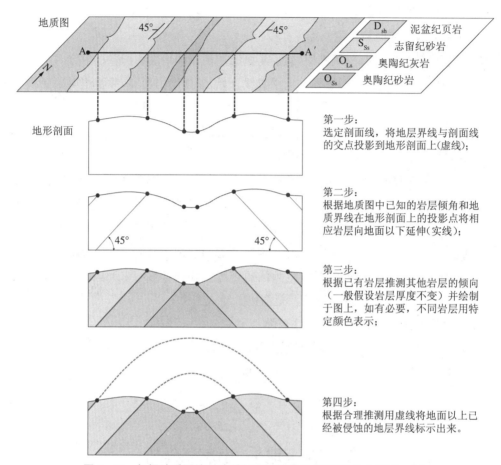

D$_{sh}$	泥盆纪页岩
S$_{Ss}$	志留纪砂岩
O$_{Ls}$	奥陶纪灰岩
O$_{Ss}$	奥陶纪砂岩

第一步：
选定剖面线，将地层界线与剖面线的交点投影到地形剖面上(虚线)；

第二步：
根据地质图中已知的岩层倾角和地质界线在地形剖面上的投影点将相应岩层向地面以下延伸(实线)；

第三步：
根据已有岩层推测其他岩层的倾向(一般假设岩层厚度不变)并绘制于图上，如有必要，不同岩层用特定颜色表示；

第四步：
根据合理推测用虚线将地面以上已经被侵蚀的地层界线标示出来。

图 3‑13　根据地质图绘制地质剖面图的简单实例(改自 R M Busch)

和图的类型；比例尺可反映地质体大小及详略程度；通过图幅编绘出版年月和资料来源查明工作区研究史。从图例可以了解图区出露的地层及其年代、顺序,地层间有无间断,以及岩石类型、年代等。

2. 分析地形特征

阅读地质内容之前应首先了解图区的总的地形特征。在比例尺较大地形地质图上,从等高线形态和水系可了解地形特点。在中小比例尺地质图上,一般无等高线,可根据水系分布、山峰标高的分布变化,大致了解地形的特点。

3. 分析地质内容

地质图反映了该地区各方面的地质情况,读图时一般首先分析图区地质构造总的特点,主要包括地层展布及其相互关系、主导构造线方向等；然后分析地层年代、层序,岩石类型、性质,岩层、岩体的产状、分布及其相互关系；最后分析具体的地质构造、火成岩发育情况及构造发展史等。

读图分析时，一般按照构造层、构造单元、构造方位、构造类型等对地质构造细部进行分析。读图一般分为五步。

（1）分析地层

判断地层的分布、产状；分析地层分布和地层组合，确定地层之间的接触关系，根据地层关系确定断层和褶皱是否存在；尤其要注意角度不整合，并从地层缺失情况及平面表现推断不整合类型和年代。

（2）分析褶皱

分析褶皱发育情况，确定褶皱诸要素，首先要着眼于全区最发育、最具代表性的褶皱，把褶皱在空间上的形态（确定背斜还是向斜）、组合关系和展布规律查明。

一般褶皱在地质图上的表现有：① 平面呈现椭圆状、环状、藕节状、"之"字形等形状；② 显示有对称分布的地貌、岩层、植被、水文网等；③ 同一层地下水出露点的连线呈封闭状，或相同的岩溶现象呈闭合圈出现。

（3）分析断层

首先分析区域大断裂对区域构造的控制作用，然后按照断裂规模、方向、性质及其与褶皱的关系分析断层发育情况，确定断层性质和诸要素。

（4）分析火成岩

火成岩既受区域构造和构造运动的控制，又受局部构造影响，分析火成岩发育区的地质图时，应注意分析不同时代、类型、规模岩体的分布组合规律及其与褶皱断层的关系。

喷出岩在地质图上的表现与沉积岩相似。侵入岩与围岩常表现为切割关系。火成岩切穿沉积岩层，则火成岩年代较新；火成岩被沉积岩覆盖，则沉积岩年代较新。火成岩为断层错断时，则断层发生在火成岩侵入之后；火成岩沿断层分布时，则火成岩侵入发生在断层之后。火成岩体被另一岩体侵入时，则侵入体年代较新。分析侵入体的规模，即在地质图中出露面积的大小，确定火成岩的产状类型（如岩基、岩墙等）。

（5）分析构造发展史：根据地层和角度不整合关系划分构造阶段，从构造形态、方向和相互关系上分析各期构造作用的方式和方向，根据岩层厚度、岩性变化等推测各时期古地理面貌和地壳升降变化。

4. 读图分析

可以边阅读，边记录，边绘示意剖面图或构造纲要图。

5. 综合分析

（1）空间上：断层线与褶皱轴的方向、断层面的产状与褶皱轴面产状分别有什么关系？火成岩体产出的构造部位有什么特征，其分布与褶皱轴、断层线的方向有什么关系？

（2）时间上：分析岩层、褶皱、断层和火成岩侵入等形成的先后顺序，按其形成时间与不整合面的形成年代建立联系。

（3）成因上：根据全区构造线方向以及它们在时间上、空间上的发展过程，初步分析形成该种构造的力学原理。

三、作业

1. 根据图 3‐14

（1）试分析岩层产状以及岩层产状与地形的关系，并检验"V"形法则。

（2）找出图中的不整合接触。

（3）从 A、B、C 三处垂直向下钻孔，是否能够钻至煤层（图中黑色粗实线）？ 如能，煤层位于多深处（深度从地表开始计算）？

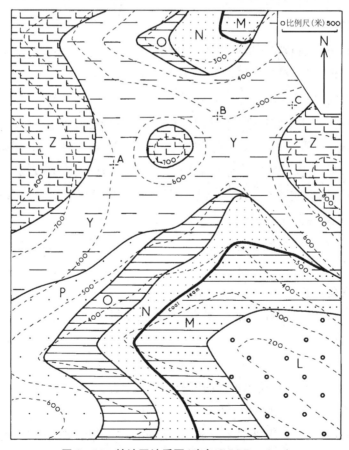

图 3‐14　某地区地质图（改自 G M Bennison）

2. 根据给定的美国宾夕法尼亚州谷岭省部分地质图（图 3-15）

（1）根据绘图步骤完成宾夕法尼亚州谷岭省地质图 XY 剖面的绘制。

（2）分析地质剖面图揭示的地质构造。

（3）标示地质图中断层的滑动方向并判断断层类型。

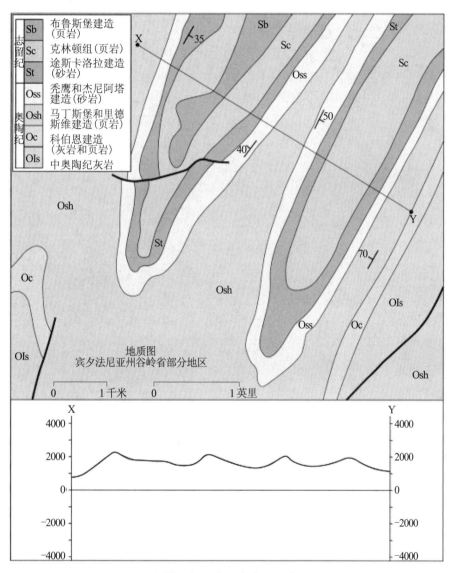

图 3-15 褶皱和断层地区地质图（改自 R M Busch）

第四章

地层和地质构造的野外识别

第一节　野外实践的工作方法与装备

一、野外实践的工作方法

1. 必要的装备和准备

对于野外工作,必要的装备包括:笔记本、笔(钢笔、铅笔、记号笔等)、地质锤、放大镜(10倍左右为佳)、地质罗盘、相机、卷尺、手电筒、小刀、取样袋、稀盐酸、茜素红、定位装备、护目镜、安全(遮阳)帽等。当然,合适的衣服和鞋子、帆布包、急救药品、干粮、饮用水等也是野外考察的必要装备。

开展野外实践活动之前,应详细了解工作地区的交通状况和区域地质情况,收集相关地形图、地理图和地质图,可通过谷歌地球等软件在虚拟空间预先勘察,确定观察范围和重点区域,规划考察路线。

2. 安全事项

野外工作是具有一定风险的活动。在山脉、沿海、采石厂、矿山和其他未开发区域会面临一些已知和未知的安全隐患,也可能会面临恶劣的天气状况。自立、独立以及团队协作能力是野外工作必备的素质。

一些简单的预防和准备措施能够大大降低野外工作的风险,如:

(1)穿戴适合目的地区域的衣服和鞋子(丛林地区不宜穿短裤),密切关注天气变化情况,一旦天气恶化,及时中断考察活动,寻找安全避险地;

(2)仔细地计划工作,准确地评估自己的能力,合理地设定目标;

(3)在出发之前,留下一张便条或其他形式的信息,最好包含出行路线、目的地位置、起止时间和同行人等信息,在考察过程中,随时确定自己的方位,并与同行人员保持联络;

(4)提前做好应对各种紧急情况的预案,掌握求救方法和急救方法,随身携带简易急救药品和应急食品;

(5)野外行进时,做到看景不走路、走路不看景,防止摔跤和坠崖;

(6)出入废弃采石厂、悬崖下、矿坑、洞穴或其他有高空落石危险的地方,注意观察,并戴上安全帽;

（7）尽量避免敲击破坏岩石（尤其处于地质公园中时），做一个环保人士；

（8）敲击时，戴护目镜，防止岩屑碎片伤害，并确保队友处于安全的区域；

（9）收集标本时，不要全部采集含有特殊化石和稀有矿物的岩层，只取自己需要的；

（10）开展工作时，确保工作地点的安全稳定，如避免在有横风的峭壁和陡峭的斜坡上工作，避免接近上覆层疏松的斜坡，斜坡上避免在另一个人上面或下面工作等，上下陡坡时应选择长距离的"Z"字形路线行进；

（11）不要从高处或在斜坡上抛物，不要从斜坡上向下跑；

（12）除非具有攀岩经验并做好充分准备，否则不要攀爬悬崖和岩壁；

（13）观察路边剖面时当心路面交通，除非获得许可，禁止进入铁路沿线和高速公路观察剖面；

（14）在岩石海岸潮间带行走和攀爬时，要格外防止滑倒和跌落，并留意潮水和海浪；

（15）除非具备丰富的经验及严格的风险评估，否则禁止进入旧矿洞或其他不明洞穴系统。

3. 野外观察

到达考察区域后，首先要确定观察点所在位置，并在地图上标出准确位置，方可进入观察阶段。野外观察的范围应包括观察点及其附近一定区域。

野外观察时要确定观察对象，一般选择裸露在地表的地质现象进行观察，即露头的观察。观察内容包括地形地貌特征、岩石类型、岩层组合、岩层（体）接触关系、岩层产状、地质构造等。

二、地质罗盘的使用方法

1. 地质罗盘的结构

地质罗盘主要由磁针、刻度盘、瞄准觇板、水准器、瞄准器等部分组成，如图 4 - 1 所示。

地质罗盘主要由两大测量系统（水平方位测量系统、角度测量系统）组成。

（1）水平方位测量系统由磁针、方位刻度盘、圆形水准器、磁针制动器、顶针等组成。磁针由黑白针组成，分别指示南北方向，安装在底盘中央的顶针上，可自由转动，静止时磁针的指向就是磁针子午线方向（南北方向）。按压磁针制动器可以抬起顶针固定磁针，以便读数和记录。由于我国位于北半球，磁针两端所受磁力不等，为了使磁针保持平衡，常在磁针南端绕上几圈铜丝，用此也便于区分磁针的南北两端。刻度盘刻度按逆时针方向刻制。

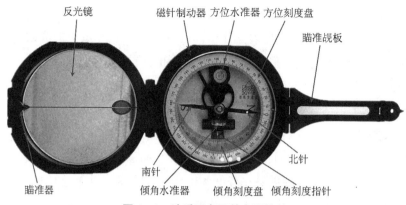

图 4 - 1 地质罗盘及其主要构件

注意:方位刻度盘为逆时针方向标注。刻度盘所标注的东、西方向与实地相反,其目的是在测量时能直接读出方位角。测量时磁针相对不动,移动的是罗盘底盘。当底盘向东移,相当于磁针向西偏,所测得读数即为所求。白针所指方向永远是磁北,所指刻度是手柄方向的方位角。

(2)角度测量系统磁针用于测量倾角和坡角等,包括倾角刻度盘、倾角刻度指针、倾角(圆柱形)水准器和罗盘底部的活动扳手等。刻度盘两边各有 90°,倾角水准器下边的铁片中间的白线即倾角刻度指针。

(3)瞄准系统由反光镜、反光镜外端的对目觇板、手柄、手柄中间缝隙及末端的对物觇板组成。

(4)方位角及象限。通常把水平方位分为 0°~360°,按顺时针方向递增。正北为 0°,正东为 90°,正南和正西分别为 180° 和 270°,各象限内 0°~90° 为 NE,90°~180° 为 SE,180°~270° 为 SW,270°~360° 为 NW。

2. 地质罗盘的校正

由于地磁的南、北两极与地理上的南、北两极位置不完全相符(即磁子午线与地理子午线不相重合,磁北方向与该点的真北方向不一致,两者间的夹角叫磁偏角,图 4 - 2),因此在使用前必须进行磁偏角的校正。地球上某点磁针北端指向偏于正北方向的东边叫作东偏,偏于西边称西偏。东偏为正(十),西偏为负(一)。各地的磁偏角都按期计算,公布以备查用(附录 4)。我国大部分地区为西偏。

若某点的磁偏角已知,则测线的磁方位角 A磁 和正北方位角 A 的关系为,A 等于 A磁 加磁偏角。校正时,旋动罗盘的刻度螺旋,使水平刻度盘顺时针(东偏时)或逆时针(西偏时)转动,使罗盘底盘南北刻度线与水平刻度盘 0° 和 180° 连线间夹角等于磁偏角。经校正后,测量时的读数就为真方位角。如南京地区磁偏角为西偏 5°55′(2020 年 6 月 10 日

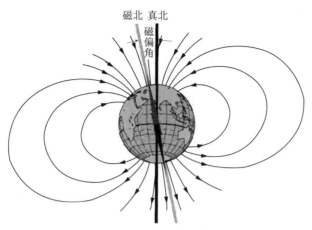

图 4 - 2　地磁偏角示意图

数值),在校正前,地质罗盘北针指向 0°,但其实际指向为北西 354°05′,此时通过拨片将地质罗盘底盘逆时针旋转 5°55′,即可使指针指向其真实方位角北西 354°05′。

3. 目的物方位的测量

方位的测量是测定目的物与测者间的相对位置关系,也就是测定目的物的方位角(方位角是指从子午线北方向沿顺时针到该测线的夹角)。

测量时放松制动螺丝,使对物觇板指向被测物,即使罗盘北端对着目的物,南端靠着自己,进行瞄准,使目的物、对物觇板小孔、盖玻璃上的细缝、对目觇板小孔等在同一直线上,同时使底盘水准器水泡居中,待磁针静止时指北针所指度数即为所测目的物之方位角。若指针一时难以完全静止,可读磁针摆动最小时度数的二分之一处,测量其他要素读数时亦可同样处理。

4. 岩层产状测量

岩层的空间位置取决于其产状要素,包括岩层的走向、倾向和倾角。测量岩层产状是野外地质工作的最基本的工作技能之一。野外测量岩层产状时需要在岩层露头测量,不能在转石(滚石)上测量。区别露头和滚石,主要是多观察和追索,并要善于判断。如果岩层凹凸不平,可把记录本平放在岩层上当作层面以方便测量。

(1)岩层走向的测定

岩层走向是岩层层面与水平面交线的方向,即岩层任一高度上水平线的延伸方向。测量时将罗盘长边与层面紧贴,然后转动罗盘,使底盘水准器的水泡居中,读出指针所指刻度即为岩层走向。

因为走向代表一条直线的方向,它可以向两边延伸,指南针或指北针所读数均是该直线的延伸方向,如 NE30°与 SW210°均可代表该岩层走向。

（2）岩层倾向的测定

岩层倾向是指岩层向下最大倾斜方向线在水平面上的投影，恒与岩层走向垂直。测量时，将罗盘北端或对物觇板指向倾斜方向，罗盘南端紧靠着层面并转动罗盘，使底盘水准器水泡居中，读指北针所指刻度即为岩层的倾向。

如果在岩层顶面上进行测量有困难，也可以在岩层底面上测量。仍用对物觇板指向岩层倾斜方向，罗盘北端紧靠底面，读指北针即可。若测量底面时读指北针有障碍，则用罗盘南端紧靠岩层底面，读指南针亦可。

（3）岩层倾角的测定

岩层倾角是岩层层面与假想水平面间的最大夹角（取锐角），即真倾角。它是沿着岩层的真倾斜方向测量得到的，沿其他方向（视倾斜线）所测得的倾角是视倾角。视倾角恒小于真倾角。

野外分辨层面的真倾斜方向非常重要。真倾斜方向恒与走向垂直，野外可利用重力帮助确定真倾斜方向（用小石子在斜面上滚动或水滴在斜面上流动）。

测量时将罗盘直立，并以长边靠着岩层的真倾斜线，沿着层面左右移动罗盘，并用中指扳动罗盘底部的活动扳手，使测斜水准器水泡居中，读出悬锥中尖所指最大读数，即为岩层的真倾角。

5. 地形坡度（坡角）的测量

坡角为地面线与水平面的夹角，坡面的垂直高度和水平宽度的比叫作坡度。坡角的测量与岩层倾向的测量类似，测量时将罗盘直立，并以对物觇板瞄准坡顶的目标物体（以离地高度与罗盘离地高度相同为宜），调整罗盘使测斜水准器水泡居中，读出悬锥中尖所指读数，即为所测地形坡度。

6. 手机软件替代地质罗盘

智能手机集成了多种传感器，一定程度上可以用作定位装备和地质罗盘的替代品。如华为手机自带实用工具中的指南针软件可以给出手机所在位置的经纬度和手机所指方向的方位角，其水平仪功能也可以测量岩层的倾角。但须注意，手机软件易受环境因素和本身传感器精度的影响，所给出的数值仅供参考。

三、标本采集和野外记录

1. 野外文字记录

野外观察时，应及时将观察到的各种地质现象准确、清楚、系统地记录在野外记录簿上。要求记录认真、格式标准、术语准确、字迹清楚。野外记录一般采用 2H 铅笔，一般应包括观察的目的、观察路线、观察点位置和编号、日期、天气、观察者姓名、地质构造描述、产状要素等各种测量数据、标本照片编号、路线小结等。具体示例见表4-1。

表4-1　　　　　　　　　　　　野外记录样本

地点：燕子矶—幕府山

_____年__月__日,星期__　　天气：_____

路线	五马渡—达摩古洞—三台洞—燕子矶—劳山—幕府山	
任务	1. 学习使用地质罗盘测量岩层产状	
	2. 观察褶皱与断层	
	3. 观察河流地质作用与河流地貌	
	……	

No.1

位置	燕子矶公园	
意义	河流地质作用、沉积岩、断层崖、单斜构造	
描述	1. 该地区的河流地质作用的主要体现有……	照片1
	2. 砾岩岩层的结构、构造特征……	照片M
	3. 单斜岩层的产状……	素描1
	……	
小结	1. 通过观察,……	
	2. ……	

No.2

位置	劳山向斜西宕口	
意义	向斜、断层、海相沉积灰岩、白云岩地层	
描述	1. 劳山向斜的基本情况	素描1
	2. 地层之间的接触关系	照片N
	3. 劳山向斜两翼地层产状	
	$102°\angle75°,20°\angle70°$	
	……	
小结	1. 石灰岩和白云岩的鉴别方法	
	2. 如何判断顺地貌和逆地貌	
	……	

主要要求有：

(1) 文字记录应在野外观察时完成，不能事后追忆补录；

(2) 书写错误的地方可用铅笔删掉或改正，不能擦掉重写；

(3) 记录产状要素另起一行，并用符号表示；

(4) 工作结束后，及时上交。

2. 野外图件记录

现场绘制的素描和剖面、平面图件，可以简洁明了地表述地质现象，反映不同地质现象之间的相互关系，达到清晰、形象反映地质现象的目的。

图件的类型一般包括素描图、平面示意图、信手剖面图等。素描图类似于照片，但可以根据需要取舍，因此更简洁，可以反映地质现象的重要特征。地质剖面图可以反映地层、构造及地层接触关系，野外可以通过目测和估计概略地绘制剖面图，以简要地反映观察路线某段的地质特征。

3. 样品、标本采集

为了对岩石、岩层进行更精细深入的观察和分析，常常需要将岩石采样带回实验室。样品、标本采集以满足需求为原则，尽量采集具有代表性的新鲜岩石。在地质剖面中，常按地层分层采集，按照一定顺序（从上到下、从老到新等）编号，并在野外记录簿上备注。

第二节　地层的描述与记录

地层是一切成层岩石的总称，包括变质成因和火山成因的成层岩石在内，是一层或一组具有某种统一特征和属性的并和上下层有着明显区别的岩层。地层和岩层这两个名词相似，但地层往往具有特定地质年代的含义。正确地认识地层及其产状要素是进行地质构造研究的基础。

一、地层产状的测量和露头观察

1. 地层产状测量

地层产状要素包括走向、倾向和倾角，具体测量方法见上一节。

2. 露头清理与准备

露头观察工作既要观察岩石的风化表层，也要观察新鲜的岩石表面，并采集必要的样品。在观察时,可以采取必要的措施以更好地开展工作。

（1）弄湿或风干岩石表面,岩石的一些特征适合在湿润的条件下观察,另一些则适合在干燥的条件下观察;

（2）涮洗岩石表面,使用坚硬的金属或粗毛刷清理地衣、苔藓、淤泥等;

（3）刮铲露头,铲除表层的覆盖物和风化表层,获得出露效果更好的地层;

（4）挖掘探槽,对于斜坡,可挖掘台阶逐级观察;

（5）对于碳酸盐岩,可以用稀盐酸冲洗表面以获得新鲜的表面。

3. 露头中可直接观察到的岩层主要特征

（1）地层特征,包括厚度、几何形态、边界及其特征、倾向和走向、示顶底标志等;

（2）沉积构造特征,包括侵蚀构造、沉积构造、变形构造、生物和化学成因构造等;

（3）沉积物结构特征,包括粒度、分选性、粒序、孔隙度、渗透性、颗粒形态、颗粒表面特征,以及排列方式等;

（4）沉积物成分,包括碎屑类型、矿物成分和含化石情况;

（5）颜色,包括风化后的颜色和新鲜面的颜色;

（6）影响露头观察的自然和人为因素,如植被、覆盖物、天气、光线等。

露头观察的主要内容见表 4 - 2。

表 4 - 2　　　　　　　　　　露头观察记录的主要内容

剖面位置	剖面点详细信息,包括地质图图号、地理坐标、地名等; 选择依据,包括典型剖面、用于验证理论或猜想
一般特征	地层特征,包括地层顶底、产状及地层接触关系; 构造特征,包括褶皱、断层、节理、劈理、不整合面、侵入体和脉体等的间距、位错方向和方位等; 风化及植被覆盖情况、地表地形
岩相及 地层单元	基本的岩相出露情况,包括沉积岩及其他岩石类型; 大尺度的沉积相组合、沉积序列、沉积旋回或成图地层单元等; 岩石的变质程度
细节观察	地层特征,包括几何形态、厚度等; 各种沉积构造(层理、层面),古流向等; 沉积结构及颗粒序列; 沉积物的成分及颜色,包括生物成因物质;其他信息
问题和计划	记录疑问、问题和想法,并做好采样和实验室分析计划

4. 露头拍照

清晰的露头照片是其他数据的必要补充,尤其是对于资料整理工作大有裨益。露头照片(图 4 - 3)可用于素描图件的校对和修改,可直观地观察化石遗迹,可拼接成长剖面以反映露头的宏观变化,还可以反映垂向地层厚度的变化。

拍照时需要加上比例尺,并标注顶底。地质锤、硬币、镜头盖、刻度尺、笔、记录本,甚至考察队员自身都可以作为标尺。拍照时宜首先拍一张全景,用于记录地质现象或地质构造呈现的大背景,然后对局部进行特写拍照,以备后续分析。

图 4 - 3　岩层露头照片(重庆武隆天坑地缝国家地质公园)

二、地层岩相和层序

1. 岩相

野外工作的首要工作是识别沉积相。沉积相可定义为具有独特物理、化学和生物特征并可轻易从相组合中区分出来的一套沉积物或沉积岩。沉积岩的这些基本特征是进行沉积学和地质构造研究的基本信息,既可用于描述沉积环境、古地理研究,又可用于资源环境评价。

沉积相类型随空间位置变化而变化,对其分析的精细程度取决于研究工作的性质。一般的区域地质调查只需确定简单的岩相类型,如砾岩、砂岩、泥岩、灰岩等,更详细的沉积学研究则需要更精细地划分沉积相,如平行纹层砂岩、浪成交错纹层砂岩等。仔细观察并描述剖面中的沉积相及相变特征是开展垂向相序分析的基础。此外,还需观察剖面中沉积相的侧向变化特征。

2. 地层特性

层和纹层是描述不同厚度岩层的专业术语,前者厚度大于 1 厘米,后者小于 1 厘米。两者还可进一步细分。不同的层和纹层有不同的粒级、成分和颜色,这些差异反映了沉积过程、物源和沉积环境的变化。

野外工作时需要记录的地层特性有:

(1)地层厚度在垂向和横向上的变化。厚度通常会沿下游和下风向减小,垂向上呈渐厚或渐薄的变化反映沉积控制因素在逐渐变化;旋回性变化则反映更有规律的沉积条件的周期变化。

(2)地层的形态、规模及连续性。地层平行且连续,反映沉积环境十分稳定;不连续或不平行,说明沉积环境发生变化,弯曲状和透镜状地层则说明沉积环境或侵蚀作用横向差异明显。

(3)地层界面及接触关系。界面不清晰或渐变说明沉积环境差异不大;受压实作用成岩的地层界面一般更清晰。

(4)纹层厚度、形态及界面特征。纹层的变化与地层类似,反映了沉积过程和沉积环境的变化。

3. 地层层序

依据岩性、生物化石、地质年代和关键界面可对地层层序进行单元划分。划分地层级次是岩石地层描述的基本技能之一,一般按群、组、段的层级进行划分。

群:由多个临近的地层组成,厚度一般大于 100 米。

组:为基本的地质成图单元,厚度一般为 10~100 米,标准剖面中地层组具有特殊的岩性特征,且与上下地层有清晰的边界。

段:为组的下一层级,段内岩层岩性基本一致。

三、野外素描和绘图

野外绘图可准确、快速地记录露头中各种沉积特征及相互关系,便于后期记忆解释。野外绘图的基本要求:① 沉积要素、接触关系和相对大小要准确;② 描绘要简明,重点展示沉积构造;③ 标注比例尺、地层顶底及方位,使用规范的缩写字符等。

野外绘图主要有野外素描图、地层序列简图、地层序列详图、露头精细绘图等。

四、火成岩区

对于火成岩,由于大部分侵入过程不可见,且总体分布面积较小,其野外工作与沉积岩不同。

首先判断火成岩是侵入岩还是喷出岩。主要依据是火成岩与围岩的接触关系。常见的接触关系有侵入接触、沉积接触和断层接触。

对于侵入岩,根据火成岩的基本特征进行鉴定和分类。对于喷出岩,由于同时具有火成岩和沉积岩的特性,因此采用岩相和地层学相结合的工作方法。通过岩相分析(详见第二章),研究火山作用产物围绕火山口发生的成分、产状、结构、构造的变化和空间分布规律。

火山岩(喷出岩)的野外观察要点是:

(1)主要依据颜色、结构、斑晶和基质成分、构造、次生变化等进行定名和描述;

(2)确定喷发沉积岩岩相和火山岩系的生成条件(陆地喷发还是海底喷发);

(3)观察岩石结构构造和岩相的关系;

(4)观察火山碎屑岩的角砾和胶结物;

(5)观察异源碎屑物的类型和特征;

(6)节理(特别是原生节理)的统计和性质的确定;

(7)不同火山岩地质体之间的接触关系,确定侵入与被侵入关系;

(8)识别和区分火山岩相。

五、变质岩区

变质岩的形成环境非常复杂,在出露处观察需要同时考虑其所处的环境进行多尺度的分析,如岩石是否分层、岩石是块状还是片状、是否存在变质矿物、岩性组合情况等。对变质岩纹理的研究往往要求助于岩相显微镜,野外观察可以作为进一步研究的基础。

变质岩区的野外工作要点有三点。

1. 矿物成分的观察

详细观察造岩矿物和特征变质矿物,推断母岩类型和变质作用类型。

2. 结构的观察

根据矿物颗粒的大小、形状及重结晶程度开展观察,判断该岩石属于哪一类构造(变余、变晶、交代、变形)。

3. 岩性的描述

描述的内容主要包括岩石的总体颜色、结构、构造（注意描述可见颗粒的绝对大小）、矿物成分及其含量（肉眼及放大镜可见的）、岩石的断口和光泽，以及其他特点。

第三节　断裂构造的野外识别与观察

断裂构造主要包括断层和节理两类。多数断层因其断面附近岩石破碎，易风化、剥蚀，所以露头不好，往往被沉积物覆盖，观察要仔细。实践中常根据地形地貌进行初步判断，再根据断层面特征来识别。利用有卫星地图功能的地图软件（如百度地图、Google Earth 等）对大中型地貌进行观察是个比较方便的做法。

断层的一般表现主要有：

（1）破碎带的直接出露，一般表现为负地形（图4-4）；

（2）地质体被切断或错开，包括地层、侵入体、岩脉、矿脉、褶皱、不整合面等；

（3）沉积岩地区的重复与缺失等，但应注意与褶皱中岩层重复的区别；

（4）沿着某些方向，岩层（产状或岩相等）突然发生变化；

（5）侵入体、火山锥、矿体、第四纪沉积物等呈线状或带状分布；

（6）两种不同的地貌单元直接相接；

（7）山脊线、阶地、夷平面、洪积扇等地貌要素错动；

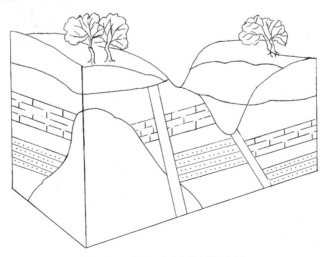

图4-4　断层形成负地形示意图

（8）水系的异常，如平行的直线河段、角状水系、断头河、相邻河段同步拐弯等；

（9）泉、湖泊、湿地呈线形或串状分布。

一、地形地貌特征

1. 负地形（带状低凹地带）

由于断层附近岩石破碎，在外力长期作用下，容易形成沟谷和冲沟等地形地貌。断层谷常常是河流通过的地方，由断层形成的洼地积水后也可能形成条带状湖泊。

"逢沟必断"是老一辈地质人总结的一条经验（更准确地说应该是"十沟九断"）。南京附近一个典型的例子是自十里长山凹起往北东方向延伸至沪蓉高速的一条 10 余千米的狭长洼地，该地形是汤山—仑山复式背斜黄龙山—青龙山段北翼与褶皱轴面大致平行的高角度逆冲断层的地貌表现。图 4-5 中两段白实线标出了该断层的大致走向，其中不连续处山体错断，也指示有断层存在，该北西走向断层将汤山—仑山复式背斜黄龙山—青龙山段与汤山—天王山段截断。

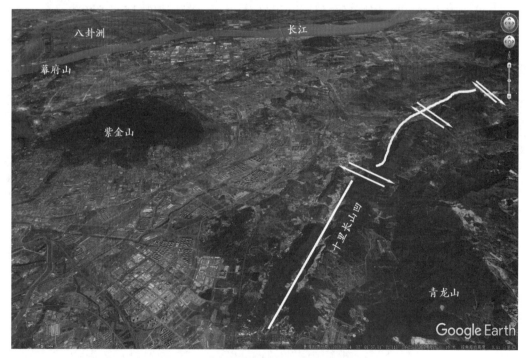

图 4-5 "逢沟必断"实例——十里长山凹

2. 断层崖

大而陡的断面出露呈陡崖状,通常断层崖的走向线平直,有流水可成瀑布。世界上最著名的断层崖位于东非大裂谷西段。一条深邃的断层横切赞比西河,形成了世界著名的瀑布奇观——维多利亚瀑布。

3. 断层三角面

断层三角面通常是断层崖被冲沟或溪谷切割而成的三角形陡崖。三角面的前面常形成一系列的冲积扇、洪积扇。典型的断层三角面地貌景观有:秦岭北侧沿山前断裂、华山北侧沿山前断裂(图4-6)、大别山南东侧沿山前断裂。断层两侧地貌差异十分明显,从平原陡然进入山区,面向平原一侧断层三角面发育。

4. 其他断层指示地貌

其他可能由断层引起的典型地貌还有:地貌(海拔、沉积物)的突然改变;河流、河谷方向的突变(同步拐,如新疆阿尔金山北麓的断移河);山脊、山谷、阶地、洪积扇等被错开(如新疆巴楚地区的断移山脉);线状分布的泉、崩滑体等。

图4-6　华山山前断层三角面(从正北向正南俯瞰)

二、断层带(面)特征

1. 地质体错断

断层是地质体沿断裂面两侧岩块发生显著相对位移的地质构造,因此地质体错断是断层存在最直接的标志。对于规模较小的断层,可以通过观察岩层、岩脉、侵入体、节理等的相对位置关系判断断层是否存在及断层两盘的相互运动方向(图4-7)。

2. 动力变质岩

岩层发生断裂时,往往由于构造运动产生的强烈应力作用,岩石及矿物发生变形、破碎,并有重结晶作用,形成动力变质岩。动力变质岩主要有角砾岩、糜棱岩和断层泥三

图 4-7　地质体错断（四川海螺沟冰川国家地质公园）

种，均可作为断层存在的标志。

3. 擦痕、镜面、阶步和反阶步

断层面上平行而密集的沟纹，称为擦痕；平滑而光亮的表面，称为镜面。它们都是断层两侧岩块滑动摩擦所留下的痕迹（图 4-8）。断层面上往往还有垂直于擦痕方向的小陡坎，其中陡坡和缓坡连续过渡者（眉峰圆滑），称为阶步。如果陡坡与缓坡不连续，其间有与缓坡方向大致平行的裂缝，或眉峰尖锐者，称为反阶步（图 4-9）。擦痕、镜面、阶步、反阶步均是断层滑动的证据，指示了断层两盘滑动的方向。

图 4-8　断层面擦痕镜面（栖霞山千佛岭）

图 4-9　断层面擦痕和反阶步(幕府山)

4. 羽状节理

在断层两盘相对运动过程中,在断层盘或两盘的岩石中常常产生羽状排列的张节理和剪节理。这些派生节理与主断层斜交,其交角的大小因派生节理的力学性质不同而不同。羽状张节理与主断层所交锐角指示节理所在盘的运动方向。节理方向常与断层方向大致平行。

5. 牵引(拖曳)褶皱

断层两盘紧邻断层的岩层,常发生明显弧形弯曲,这种弯曲叫作牵引褶皱。一般认为这是两盘相对错动对岩层拖曳的结果,褶皱的弧形弯曲的突出方向指示本盘的运动方向。牵引褶皱的弯曲方位不仅取决于两盘相对运动,还取决于断层产状与两盘标志层的产状及在不同剖面或平面上的表现。一般来说,变形越强烈牵引褶皱越紧闭。

三、地层特征

以上地貌或构造只能作为断层存在的指示特征,要真正确定断层,还需要满足:①岩层或矿层沿走向突然中断;②地层重复或缺失。

断层造成地面上某些地层的重复或缺失。根据地层的重复或缺失情况可以判断断层性质。具体可参见第三章第四节表 3-1 和图 3-12。

除此之外,如下两类特殊的情况也指示存在断层。

(1) 大断层尤其是切割很深的大断裂常常是岩浆和热液运移的通道和储聚场所。如果矿体、矿化带或硅化等热液蚀变带线状断续分布,常常指示有大断层或断裂带存在。一些放射状或环状岩墙也指示放射状断裂或环状断裂的存在。

(2) 如果某一地区的沉积岩相和厚度沿某条线发生急剧变化,可能是断层活动的结果。断层引起岩相和厚度的急变有两种情况:一是控制盆地和沉积作用的同沉积断层的活动,引起沉积环境顺断层的明显变化,岩相和厚度因而出现显著差异;二是断层的远距离推移,使相隔甚远的岩相带直接接触(构造中断)。

四、断层要素和类型的确定

1. 测定断层的产状

(1) 直接测定

若断层面出露于地表,可直接用罗盘测量。方法与岩层产状测量方法相同。在测量时,要注意区分视倾角和真倾角。

(2) 间接测定

若断层面较平直,断层线出露良好,则间接测定与倾斜岩层产状的判断方法相同,可应用“V”字形法则判断断层面倾向,通过作图法求产状要素。

(3) 三点法求断层(岩层)产状要素

若为隐伏断层,则需要根据钻孔资料对断层面产状进行分析。假设所研究区域断层(岩层)面为平面(产状无变化),则根据相距不远的三个钻孔的资料即可确定断层(岩层)的产状。

已知断层(岩层)面上的三个点(A、B、C)的位置和高程,可根据几何关系确定断层(岩层)面的产状要素。

① 走向

利用图4-10所示的几何关系,在最高点A和最低点C的连线上,找到与B点高程相等的点D,连接B、D两点,BD即为走向。

② 倾向和倾角

倾向可以根据走向和三点之间的高程关系确定(倾向于低的一面)。经过最低点C作一条与走向平行的直线CF,根据BD和CF之间的高差和水平距离即可计算断层(岩层)的倾角。

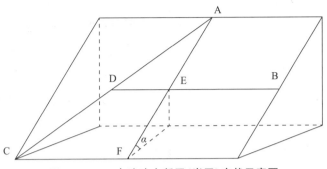

图 4－10　三点法确定断层（岩层）产状示意图

2. 确定断层两盘的相对位移方向和断距

按照断层两盘的相对移动方向可以将断层分为正断层、逆断层和平移断层。实际上大部分断层是斜向滑动。根据侧伏角（滑动线与水平线的夹角）的大小，可对断层进行更完备的分类。如图 4－11 所示，当侧伏角大于 80°时，为正（逆）断层；当侧伏角小于 10°时，为平移断层；侧伏角介于 10°与 80°之间时，为三者的过渡类型。

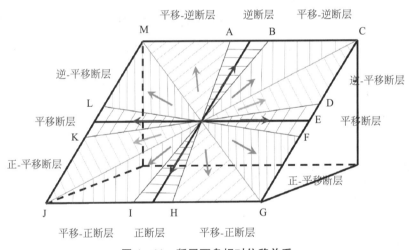

图 4－11　断层两盘相对位移关系

断层两盘相对位移方向的主要确定依据有：

（1）两盘地层的新老关系。走向断层或纵断层，上升盘一般出露老地层，若地层倒转或断层倾角小于岩层倾角，则相反。

（2）褶皱核部的宽窄变化。横断层或斜切褶皱核部斜断层，对背斜来讲，上升盘核部变宽，下降盘核部变窄；对于向斜，上升盘核部变窄，下降盘核部变宽。

（3）地层的重复和缺失。在已知断面和地层产状的情况下，可以根据地层的重复或缺失判断两盘的相对运动方向(图 3 - 12)。

(4)牵引构造和逆牵引构造。牵引构造中岩层弯曲指示两盘运动方向,逆牵引构造则相反。

(5)擦痕、阶步和反阶步。擦痕的方向平行于岩块的运动方向。阶步中从缓坡到陡坡的方向指示对面断盘的运动方向,反阶步中陡坡的倾斜方向指示本盘的运动方向。

(6)其他特征。根据构造透镜体和断层角砾岩的排列方式、派生构造与主断层的夹角关系、生长正断层两盘岩层的厚度,以及平移断层收敛、分散作用和升降活动等也可以帮助判断断层两盘的相对移动方向。

当断层切过不同产状的地层或在不同方位的剖面上观察时,可以以断层两侧地层错开关系为依据而测算位移方向和视断距。对于规模不大、两盘岩层和断层产状比较稳定的断层,视断距可通过野外实测来确定。但是野外环境复杂,极易造成误判。若岩层分布情况较复杂或断层与岩层切割关系复杂,必须考虑断层效应的影响。

3. 断层效应

断层效应主要指断层产生后,地层位移在平面上和剖面上的各种表现。断层效应由断层产状、断层真位移、被断地层产状及剖面位置四个主要因素及其不同组合情况决定。同一条断层切过产状不同地层,相当层在不同剖面上观察和测算时,其位移方向和距离各不相同。

(1)走向断层(图 4 - 12)

沿断层面滑动的走向断层(无沿走向的侧向滑动),总滑距等于倾斜滑距。在垂直于断层走向的剖面上观察到的视位移与真位移一致。但在地势较高的一盘被剥蚀夷平后,在地面(水平面)上观察到的水平断距大于实际水平断距(实际断距在水平面上的投影)。地层倾角越大,差别越大。

沿断层走向的滑动,不论真位移是多少,在地面和剖面上均无视位移。

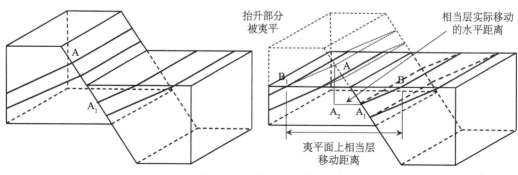

图 4 - 12　走向断层效应

（2）倾向断层

① 沿断层走向平移的倾向断层,总滑距等于侧向滑距。平面上根据相当层测得的视位移与真位移相等,但剥蚀后在垂直于断层走向的剖面上,则无法观察到平移,而造成正/逆断层的错觉,其视位移随倾角的增大而增大(图4-13)。据南京大学李甜等考证,南京湖山地区阳山大石碑断层主要是右行平移断层为主,兼有正断层的性质。大石碑断层垂直于大石碑向斜枢纽方向,右行平移断层错开向斜两翼地层,在北西方向的剖面上即可以形成正断层的断层效应(图4-14)。

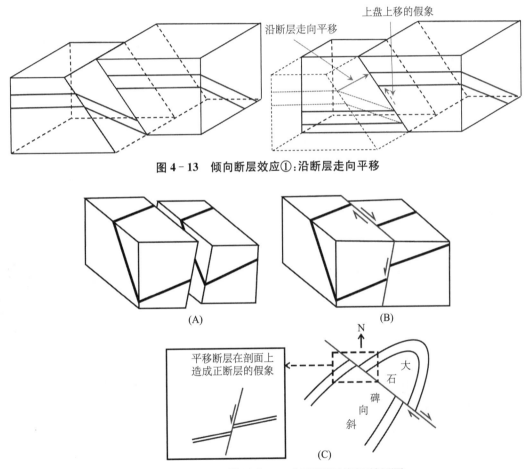

图4-13 倾向断层效应①:沿断层走向平移

A:剥蚀以前; B:剥蚀以后; C:大石碑断层效应平剖面图

图4-14 大石碑断层效应示意图(据李甜等)

② 沿断层面倾斜线滑动的倾向断层(正断层或逆断层),在垂直于断层走向的剖面上,根据相当层测得的视位移与真位移一致,但当突起部分被夷平以后,在夷平面上观察,则显示沿断层走向的视位移,易将正断层或逆断层误认为平移断层(图4-15)。

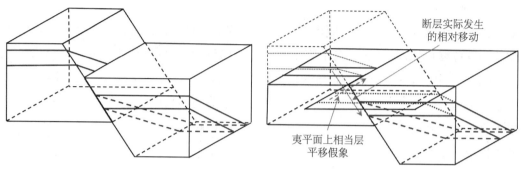

图 4‑15 倾向断层效应②:沿断层面倾斜线滑动

③ 斜向滑动的倾向断层,断层效应为前两种效应的叠加,具体呈现方式取决于侧伏角和岩层倾向的大小。上盘斜向下滑时,可能出现三种可能的效应。当侧伏角与岩层倾向相同,则在水平面和剖面上均表现为好像没有移动。当侧伏角大于岩层倾角时(更接近沿断层面倾斜线滑动),则剖面上表现为正断层,平面上表现为平移。当侧伏角小于岩层倾角时(更接近沿断层走向滑动),则剖面上表现为逆断层,平面上表现为平移。当倾向断层的上盘在断层面上斜向上滑时,上述第二、三种情况结论相反。

(3)斜向断层

斜向断层兼有走向断层和倾向断层的双重效应,其断层效应是走向断层效应(两种滑动模式)、倾向断层效应(六种滑动模式)的组合与叠加。

(4)顺层断层

顺层断层的断面平行于地层层面,因此在平面上和剖面上均没有任何地层被断开,就像什么都没发生一样。

从断层效应的多样性可以看出,只在一个平面上或剖面上观察断层是不全面的,很多时候甚至找到的露头既不是平面也不是剖面(斜面或曲面),更容易被表象误导。因此,观察断层时,需要综合多方面的信息,结合空间想象和断层效应,才有可能对断层性质进行准确的判断。

4. 断层的力学成因

断层的力学成因与野外观察到的特征有密切的联系,可以通过断层的特征推断其力学成因。

(1)张性断层

正断层多属于张性断层,反之亦然。张性断层的断层面一般较粗糙;断层带较宽或宽窄变化悬殊,其中常填充构造角砾岩,如尚未完全胶结,常形成地下水的通道;沿着断层裂缝常有岩脉、矿脉填充。

（2）压性断层

逆断层多属于压性断层。逆断层断层带中破碎物质常有挤压现象,出现片理、拉长、透镜体等现象;断层两侧岩石常形成挤压破碎带,为地下水运移和储集提供了有利条件,而断层带本身由于挤压密实,反倒形成隔水层;断层两盘或一盘岩层常直立,或呈倒转褶皱、牵引褶皱。

（3）扭性断层

平移断层多属于扭性断层。扭性断层断层面产状较稳定;断层面平直光滑,犹如刀切,有时甚至出现光滑的镜面;断层面上常出现大量擦痕、擦沟等;断裂面可以切穿岩层中的坚硬砾石和矿物;断裂带中的破碎岩石常被碾压成细粉,出现糜棱岩,有时也出现一些应变矿物,如绿泥石、绿帘石等。

（4）张扭性和压扭性断层

斜滑断层大多同时具有张（压）性断层和扭性断层的特点。上盘沿着断层面斜向往下滑动的正断层,带有张扭性质。上盘沿着断层面斜向往上推动的逆断层,带有压扭性质。

5. 断层作用的时间

（1）断层活动时间的确定

① 不整合面接触:断层发生在被其错断的最新地层之后,而在未被错断的上覆不整合面以上的最老地层之前。

② 岩脉体同位素年龄:断层被岩脉切断,断层形成早于岩脉,反之则晚于岩脉。

③ 构造运动力学成因分析:断层与被其切断的褶皱呈有规律的几何关系,则可能是同一次构造运动中形成的。

思考题:请确定图 4‐16 中各地层形成的先后顺序,并用数字标示在相应的岩层上。

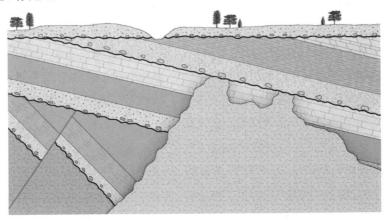

图 4‐16　断层作用时间确定练习（改自 R M Busch）

（2）断层长期活动的分析

① 地层发育及厚度、岩相的变化：断层两侧地层有明显不同，说明该大断裂有过长期多次活动的历史。

② 大型走滑断层：时代愈老，错移距离愈远。

③ 同沉积断层：本身即是断层长期活动的证明。

④ 岩浆活动：切割很深的大断裂会促进岩浆活动，同时又是岩浆上升的通道，多次岩浆活动可形成复杂成矿带。

五、节理观察与节理玫瑰花图的绘制

岩石破裂后，破裂面两侧岩块沿破裂面无明显位移的断裂称为节理。节理的野外观察重点在于查明节理的成因和统计节理参数。

1. 节理的观察与描述

观察和描述的内容主要包括：

（1）节理所在地层的位置、时代、岩性和产状等；

（2）节理本身的产状要素和延伸情况；

（3）节理所在的构造部位以及与大的地质构造（褶皱、断层）的关系；

（3）节理面（平直度、光滑还是粗糙、擦痕等）及其充填物特征；

（4）节理的组合和排列方式（共轭、平行、雁行、羽状等）；

（5）节理的空间展布特征，即几何形态、密度、间隙宽度、规律性等；

（6）节理的尾端变化和错动方向等。

2. 节理的成因分析

（1）按成因分类，可分为构造节理和非构造节理。

构造节理指在构造运动作用下形成于岩石中的节理，常常成组成群有规律地出现。这种节理往往与其他构造如褶皱、断层等有一定的组合关系和成因联系。

非构造节理包括表生节理和原生节理。岩浆侵入冷却形成的节理为原生节理，典型的有玄武岩的柱状节理。岩石在外力地质作用下，如卸荷、风化、山崩、岩溶塌陷、冰川活动及人工爆破等作用下产生的节理为表生节理。

（2）按照力学成因可分为张节理和剪节理。

张节理由张应力作用形成，主要特征包括：产状不甚稳定，且延伸不深不远；节理面张开且粗糙不平，面上无擦痕，有时为矿脉充填；在碎屑岩中常绕过砾石，节理呈弯曲状；节理间距较大、分布不均；常呈平行或雁行状，有时呈树枝状、网络状。

剪节理是岩石在剪应力作用下形成的,主要特征包括:产状比较稳定,延伸较远较深;节理面紧闭且平直光滑,沿节理面有轻微位移,故常有擦痕和镜面;在碎屑岩中常切开较大砾石等;节理间距较小,均匀分布;常呈平行、雁行排列,成群出现,或交叉称"X 节理"或共轭节理(图 4-17)。

图 4-17　X 形节理(紫金山北麓)

3. 节理的统计及节理走向玫瑰花图

按节理与岩层产状的关系可分为走向节理、倾向节理、斜向节理和顺层节理。为简明、清晰地反映不同性质节理的发育规律,常需根据统计数据对节理参数制图。节理玫瑰花图是最常用的反映观测地段各组节理发育程度和优势方位的统计图件。

(1) 节理走向玫瑰花图的绘制方法

① 整理资料:将野外测得的节理走向换算成北东和北西方向,按其走向方位角的一定间隔分组,分组间隔大小依作图要求及地质情况而定,一般采用 5°或 10°为一间隔,如分成 0°~10°,10°~20°等;然后,统计每组的节理数目,计算每组节理的平均走向,把统计整理好的数值填入表中,以备作图使用。

② 确定作图的比例尺及坐标:根据作图的大小和各组节理数目,选取一定长度的线段代表一条节理,然后以等于或稍大于数目最多的那一组节理的线段的长度为半径,按比例作半圆,过圆心作南北线及东西线,在圆周上标明方位角。

③ 找点连线:从 0°~10°一组开始,按各组平均走向方位角在半圆周上做一记号,再

从圆心向圆周上该点的半径方向,按该组节理数目和所定比例尺定出一点,此点即代表该组节理平均走向和节理数目。各组的点确定后,顺次将相邻组的点连线。如某组节理为零,则连线回到圆心,从圆心引出与下一组相连(图4-18)。

④ 写上图名和比例尺。

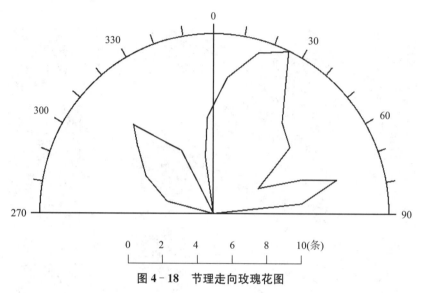

图 4-18　节理走向玫瑰花图

(2) 节理倾向玫瑰花图的绘制方法

按节理倾向方位角分组,求出各组节理的平均倾向和节理数目,用圆周方位代表节理的平均倾向,用半径长度代表节理条数,作法与节理走向玫瑰花图相同,只不过用的是整圆。

(3) 绘制节理倾角玫瑰花图方法

按上述节理倾向方位角的组,求出每一组的平均倾角,然后用节理的平均倾向和平均倾角作图,圆半径长度代表倾角,由圆心至圆周为从0°～90°,找点和连线方法与倾向玫瑰花图相同。

节理倾向、倾角玫瑰花图(图4-19)一般重叠画在一张图上。作图时在平均倾向线上,可沿半径按比例找出代表节理数和平均倾角的点,将各点连成折线即得。可用不同颜色或线条加以区别。

(4) 节理玫瑰花图的分析

分析节理玫瑰花图应与区域地质构造结合起来。因此常把节理玫瑰花图按测点位置标绘在地质图上,这样就清楚地反映出不同构造部位的节理与构造(如褶皱和断层)的关系。综合分析不同构造部位节理玫瑰花图的特征,就能得出局部应力状况,甚至可以大致确定主应力的性质和方向。

　　节理走向玫瑰花图多在节理产状比较陡峻的情况下应用,而节理倾向玫瑰花图则多用于节理产状变化较大的情况。

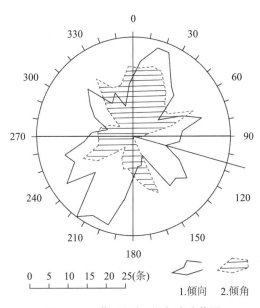

图 4-19　节理倾向、倾角玫瑰花图

（5）实例

　　表 4-3、4-4、4-5 为某处观察点节理参数调查记录表(具体数据略)和统计表,请根据实际观察完成该表并绘制节理走向玫瑰花图和节理倾向、倾角玫瑰花图。

表 4-3　　　　　　　　　　　　某观察点岩体节理、裂隙统计调查表

工程名称：　　　　　观察窗口位置：　　　　　坐标：　　　　　日期：

露头岩性：　　　　　窗口产状：　　　　　风化程度：　　　　　构造关系：

序号	产状（°）			节理出露形态			充填特征	
	走向	倾向	倾角	长度（米）	宽度（毫米）	表面形态	物质成分	充填度（%）
1	48	228	76	1.56	3	平直	泥岩	70
2	…	…	…	…	…	…	…	…
3								
4								
5								
…								

表 4-4　　　　　　　　　　　　　某观察点节理走向统计表

走向角度	节理数	平均角度	走向角度	节理数	平均角度
0°～10°	12	5	10°～20°	5	15
20°～30°	6	22	30°～40°	12	34
40°～50°	21	47	50°～60°	2	51
60°～70°	1	63	70°～80°	0	/
80°～90°	0	/	270°～280°	1	98
280°～290°	3	103	290°～300°	6	114
300°～310°	9	125	310°～320°	16	136
320°～330°	9	144	330°～340°	5	154
340°～350°	2	163	350°～360°	1	178

表 4-5　　　　　　　　　　　　　某观察点节理倾向倾角统计表

倾向	节理数	平均倾角	倾向	节理数	平均倾角
0°～10°	1	73	10°～20°	2	74
20°～30°	3	71	30°～40°	4	76
40°～50°	10	80	50°～60°	5	75
60°～70°	3	76	70°～80°	1	80
80°～90°	1	78	90°～100°	5	81
100°～110°	2	75	110°～120°	3	78
120°～130°	6	81	130°～140°	9	83
140°～150°	1	80	150°～160°	1	81
160°～170°	0	/	170°～180°	0	/
180°～190°	0	/	190°～200°	1	75
200°～210°	3	68	210°～220°	5	73
220°～230°	6	72	230°～240°	4	71
240°～250°	2	73	250°～260°	1	70
260°～270°	0	/	270°～280°	7	72
280°～290°	3	69	290°～300°	3	70

续表

倾向	节理数	平均倾角	倾向	节理数	平均倾角
300°～310°	6	71	310°～320°	12	67
320°～330°	1	70	330°～340°	0	/
340°～350°	0	/	350°～360°	0	/

第四节　褶皱的野外识别与观察

褶皱是岩石中的各种面(如层面、面理等)受力发生的弯曲变形。它在层状岩石中表现得最明显,一般是多种力量造成的。有些褶皱并不明显,有些则很显著,它们的大小也相差悬殊,大的绵延数百千米,小的却只有几厘米甚至更小。

褶皱的野外观察主要是结合各种地质勘探(物探、钻探等)手段,查明褶皱的形态、产状、组合分布特点,探讨褶皱的形成机制和形成年代,为研究区域地质构造特征、褶皱与矿产及水文、工程地质、环境地质等提供基础资料。

褶皱的野外观察首先要了解研究区域的总体构造轮廓,搜集研究区域的航空照片和卫星照片,选择露头良好的地带进行横穿,并对岩层和地质构造进行观察。

一、褶皱的地形地貌特征

褶皱构造几乎控制了大中型地貌的基本形态,尤其是在板块边缘(岛弧、造山带,图4-20)。我国主要山系多由褶皱构造形成,其中最为著名的就是亚欧板块和印度洋板块相互碰撞形成的喜马拉雅山系和横断山系。

1. 褶皱口诀

关于褶皱的野外地貌特征,有一首口诀做了很好的总结,其内容是:

背上拱,成山岭,中间老,两翼新;向下弯,成谷盆,两翼老,中间新。

背斜顶,受张力,易侵蚀,成谷地;向斜槽,物质密,抗侵蚀,成山岭。

背斜山是指与背斜构造一致的山,存在于褶皱构造地区。地貌发育的初期,背斜部位尚未经受明显的侵蚀破坏,形成背斜山,其山脊位置和背斜轴相当,两坡岩层向外倾斜(倾向与坡向相同)。与之相对应的,向斜往往发育成谷地,多与背斜山毗邻。

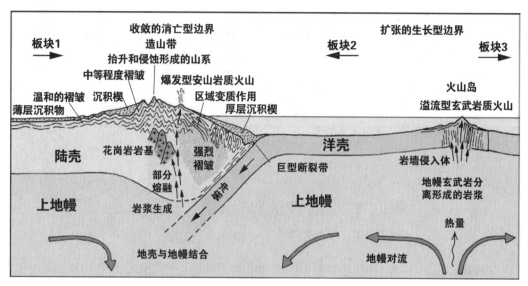

图 4-20　板块相互推挤与褶皱造山作用(改自 F K Lutgens & E J Tarbuck)

若褶皱形成的年代久远,则往往形成相反的地貌,即逆地貌。背斜在形成时,顶部岩层受弯拉作用而劣化(节理裂隙发育),易被地质作用侵蚀,而向斜的核部受到压缩而更加致密,抗侵蚀能力较强。因此,在漫长的地质历史中,背斜山逐渐被侵蚀、搬运,最终形成山谷,而向斜核部保留下来,成为高地。

2. 大型区域地貌

在大尺度上,褶皱表现为平行对称的山岭,最典型的当属横断山脉(群)。横断山脉(群)是中国区域最大、最典型的南北向山系,位于青藏高原与四川盆地和云贵高原之间,山川南北纵贯,东西并列,自东向西有邛崃山、大渡河、大雪山、雅砻江、沙鲁里山、金沙江、芒康山、澜沧江、怒山、怒江、高黎贡山、察隅河、岗日嘎布山、丹巴曲、米什米山等,与喜马拉雅山系交会于南迦巴瓦峰,是我国唯一兼有太平洋水系和印度洋水系的区域。山系中褶皱紧密,断层密布,大江大河多沿深大断裂发育,是举世罕见的地质奇观。

横断山脉位于康滇地轴,印支运动中褶皱隆起成陆,并形成一系列断陷盆地,燕山运动中又发生褶皱和断裂;第三纪末和第四纪初期,构造运动异常活跃,统一的夷平面解体,第四纪又经历了多次冰川作用,形成了现今的地貌。

横断山脉美丽的雪山(南迦巴瓦峰、贡嘎雪山、梅里雪山、玉龙雪山等)、咆哮的江河(如三江并流)、独特的自然地理环境、丰富多样的少数民族文化,共同构成了集地质构造、地貌、人文地理等因素的著名旅游区。

青藏高原东缘大雪山主峰贡嘎山(海拔 7556 米)东坡建有海螺沟冰川国家地质公园

（四川省泸定县磨西镇），以低海拔现代冰川闻名于世。特别是举世无双的大冰瀑布，海拔不足 3000 米，高宽均有 1000 多米，是国内最大的冰川瀑布。晶莹的现代冰川从高峻的山谷铺泻而下，巨大的冰舌、幽蓝的冰洞、咆哮的冰河，无不使人叹为观止。

　　贡嘎山极高山地的形成，经历了上新世夷平期，早更新世山地湖盆期和中更新世以来的深切河谷期的地貌发展过程，是冰川地质作用和河流地质作用的典范样本。典型的冰川作用形成的地貌有刃脊（冰斗或相邻冰川的槽谷不断被侵蚀后退形成的刀刃状山脊）、角峰（因多个邻近冰斗相背发展，后壁不断后退形成的高耸尖锐的山峰）、冰川 U 型谷（图 4-21）、冰碛沉积物等。

图 4-21　冰川 U 型谷（四川海螺沟冰川国家地质公园）

3. 中型地貌

　　南京汤山—湖山地区位于宁镇山脉中青龙山—汤山—仑山复式背斜中段的北翼，区内褶皱构造发育，在地貌上体现为四列近平行排列的山体，从北西向南东方向依次为：棒槌山—线山组成的北列山、阳山—孔山—獐龙山组成的中列山、黄龙山—连山—狼山组成南列山以及间隔稍远的汤山（图 4-22）。

　　青龙山—汤山—仑山复式背斜南起淳化镇青龙山、大连山，向北东方向经汤山、仑山北抵丹徒区伏牛山，绵延 60 余千米，大致呈反 S 形。总体来看，汤山—仑山复式背斜受断裂和岩浆活动影响较小，是区内展布最清楚的弧形褶皱。南京汤山—湖山地区位于下扬子断裂坳陷带东段，自寒武纪以来，本区以温暖的浅海环境为主，经历了多次海陆变迁，形成了上千米的碳酸盐沉积。受印支运动的影响，在北北西—南南东挤压背景下，于三叠纪末期发生褶皱、断裂。印支运动之后的长期风化、剥蚀、河流作用、沉积、堆积等作

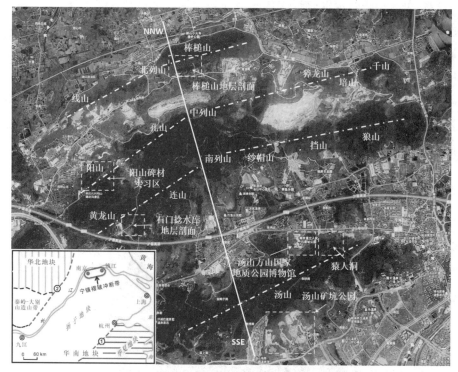

图 4 - 22　汤山—湖山地区地貌及山体分布

用,形成了现今的地形地貌的基本格局。

从构造剖面图(图 4 - 23)中可以看出,湖山地区中列山为孔山背斜(走向为北东东—南西西,枢纽在孔山最高处,向北东东和南西西方向倾伏,轴面向南南东方向倾伏,两翼不对称,背斜北北西翼较陡而南南东翼较缓),而北列山为孔山背斜经断裂后的北翼形成的单斜山,孔山和连山之间为大石碑—陡山向斜(陡山位于獐龙山和挡山之间,目前已基本被开采殆尽);最南侧的汤山也是背斜构造形成的顺地貌。区内断裂十分发育,其中逆断层走向与褶皱枢纽基本一致,正断层则为北北西或近南北走向,平移断层为北西走向。

需要注意的是,纵列平行山系,尤其是高差不大的平行小山,也有可能是由倾斜岩层的差异风化造成的地貌。这种情况下,山体均为单斜山,较易分辨。

4. 背斜山

有些褶皱构造形成的地形地貌尚未被地质作用完全改变,可以直接观察。如三峡地区巫峡长江拐弯处北岸神女峰,由于河流的下切侵蚀,背斜山的地质构造可以从临江一侧的断面处直接观测到。

5. 单斜岩层或单斜山

大型褶曲构造的一个翼或构造盆地的边缘部分,常表现为一系列单斜岩层或单斜

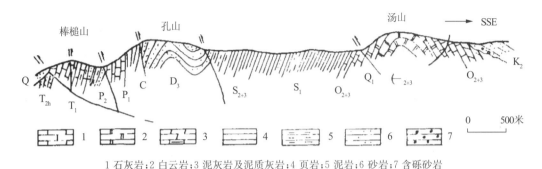

1 石灰岩;2 白云岩;3 泥灰岩及泥质灰岩;4 页岩;5 泥岩;6 砂岩;7 含砾砂岩

图 4‑23 汤山—湖山地区汤—仑推覆构造剖面图(据《宁镇山脉地质志》)

山。这样的岩层在倾向方向存在顺岩层层面进行的面状侵蚀,故地形面常与岩层坡度大体一致;而在反倾向方向进行的侵蚀,常沿着垂直裂隙呈块体剥落,形成陡坡和峭壁。因此,如果单斜岩层倾角较小(如 20°～30°),则形成一边陡坡一边缓坡的山,叫作单面山,如南京紫金山(图 4‑24)、四川剑门山;如果单斜岩层倾角较大(如 50°～60°),则形成两边皆陡峻的山,叫猪背山或猪背脊,如幕府山达摩古洞入口右侧单斜山。

　　一般情况下,向斜两翼形成的单面山陡坡彼此相背,背斜则与之相反;向斜的水系向内收敛,背斜向外发散。

南侧为缓坡,北侧为陡崖,是古紫金山背斜风化后残留的一翼

图 4‑24 单斜山:南京紫金山

121

6. 穹窿构造和构造盆地

穹窿顶部的岩层易被侵蚀掉,常形成同心圆或椭圆式分布的山脊(图4-25),如果岩层产状平缓,里坡陡而外坡缓,外围常形成环状单面山,陡坡朝向穹窿中心。有时在穹窿地区发育放射状或环状水系,在穹窿形成初期水系呈放射状,在深受侵蚀的穹窿上,形成环状水系。在构造盆地地区,四周常为由老岩层构成的高山,至盆地底部岩层转为平缓。例如四川盆地,北部大巴山主要由古生界和前古生界岩层组成,在盆地中心则主要由中生界及新生界岩层组成。与穹窿相反,若岩层产状平缓,形成的单面山缓坡朝向构造盆地中心,而外围为陡崖,形成天然屏障(如四川剑门关)。

图4-25 典型的穹隆构造:撒哈拉之眼

7. 倾伏褶皱

倾伏岩层受到地质作用后形成的地貌如图4-26所示。若由多个倾伏褶皱组成的地质构造,则易形成犬牙交错的山系和谷地(如美国宾夕法尼亚州阿巴拉契亚山脉)。

二、地质方法

通过地貌特征可以对一个地区的地质构造进行初步的判断,但对于最终确定褶皱的形态和要素是远远不够的,还需要借助地质方法进一步研究。

1. 岩层、褶皱的直接观察与测量

对于具体的褶皱构造,最简单、最直接的方法莫过于在露头处直接观察,测定岩层、

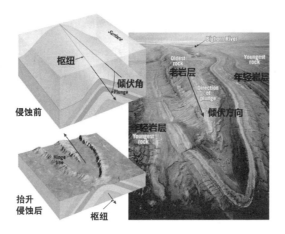

图 4‑26　倾伏褶皱被侵蚀后形成的地貌（改自 F K Lutgens & E J Tarbuck）

褶皱的产状和要素。

　　对于规模较小且出露完整的褶皱（图 4‑27），有时可以从露头直接测量褶皱的轴面和枢纽，根据同一层位在不同高度的岩层倾角变化规律，结合岩层厚度的变化，分析几何形态，是平行褶皱还是相似褶皱、顶薄褶皱等。

图 4‑27　岩块上的小型褶皱（左：四川海螺沟；右：南京北象山）

　　对于规模较大的褶皱或出露不够完整的褶皱，必须对一个地区的岩层顺序、岩性、厚度、各处露头产状等进行测量，才能正确地分析和判断褶曲是否存在。然后根据新老岩层对称重复出现的特点判断是背斜还是向斜；再根据轴面产状、两翼产状以及枢纽产状等判断褶曲的形态（包括横剖面、纵剖面和水平面），用计算或赤平投影法确定轴面和枢纽的产状。

2. 野外路线考察

野外考察前,通过小比例尺地质图,航拍图或卫星地图,提前了解区域构造的历史和总体轮廓,对可能遇到的地质构造做到心中有数。

地质构造形成初期,通常向斜成谷、背斜成山。但野外往往相反,常见的是背斜成谷,向斜成山。因此野外绝不能只根据地形确定地质构造,要仔细考察。

考察主要有两种方法。

一是采取穿越法,即垂直于岩层走向进行观察,以便穿越所有岩层并了解岩层的顺序、产状、出露宽度及新老岩层的分布特征。

沿着倾向方向,地层重复出现,倾角变化有规律,即可推断有褶皱存在(注意与断层引起的地层重复的区别)。

背斜:新—老—新;向斜:老—新—老

二是在穿越法的基础上,采取追索法,即沿着某一标志层的延伸方向进行观察,以便了解两翼是平行延伸还是逐渐汇合等情况。所选的标志层要:① 岩性、厚度稳定,横向变化小;② 有易于识别的特征(岩性、化石等);③ 分布广泛。

在一些地区,因褶皱规模较大,出露不全或地层层序未完全弄清等原因,褶皱构造及其元素的确定存在一定困难。这时可以交叉使用上述两种方法,或以穿越法为主,追索法为辅。根据地层的新老关系、对称重复特征及标志层的展布规律,可以确定褶皱的基本形态和类型。

在确定地层层序和追索标志层时,要注意转折端处岩层产状的研究。无论褶皱两翼岩层层序是正常还是倒转,转折端处的层序一般是正常的(但平卧、翻卷、叠加例外)。

3. 褶皱内部构造

当一套岩层弯曲时,两个坚硬岩层之间的塑性岩层在上下两岩层的联合作用下,易产生两翼不对称的层间褶皱。层间褶皱的轴面总是与上下两个坚硬岩层的层面斜交,其锐角夹角指示相邻岩层的滑动方向。除了翻卷褶皱外,一般可通过该规律来判断岩层顶、底面,从而确定地层层序和背斜向斜的相对位置。

若岩层发生褶皱前已有节理或沿节理填充的矿物(如方解石、石英脉体),当岩层发生弯曲时,节理或矿脉易随着层间滑动错开,其错开的方向与层间剪切力的方向一致。若褶皱是背斜,填充物自下而上向远离槽部的方向错动;若褶皱是向斜,则与之相反。

4. 物探和钻探

若岩层出露不良或褶皱规模较大,难以从出露岩层判断褶皱形态和参数,可以借助物探或钻探数据,分析不同位置岩层的高度变化来推断和计算褶皱要素。

三、褶皱在出露面上的形态

褶皱是个复杂的立体形态地质体,其出露形态不仅与褶皱本身形态、产状和规模大小有关,而且还受到地面切割的影响。同一褶皱在地表不同切面上的形态是不同的。

一般通过地质图和剖面图来表示其空间关系。剖面图一般有两种:横剖面图(铅直剖面图)和横截面图(正交剖面图)。当褶皱枢纽倾伏时,需要作正交剖面图来反映其形态。如枢纽的产状是变化的,要分区段来绘制正交剖面。

地面起伏不大,轴面近直立,枢纽平缓且出露良好的,可以从出露面获得其要素参数,转折端连线近乎褶皱的轴迹,其方向大致反映了枢纽的倾伏方向。斜歪倾伏褶皱,尤其斜卧褶皱等形态复杂的褶皱,或地形复杂、起伏较大,则往往难以获得横剖面图和横截面图。

由于风化侵蚀的程度不同,褶皱的出露面往往起伏不平,地形可以从任何方向切割褶皱,褶皱在地面或出露面上的形态只是褶皱的冰山一角,若不能了解不同情况下褶皱在出露面上的形态,则易被假象迷惑而做出错误判断。

以较简单的直立倾伏褶皱中的背斜为例(图4-28),当褶皱被垂直或近乎垂直的出露面切割且出露面与枢纽近乎垂直时,褶皱呈现出的样子与背斜的定义示意图比较接近,较易辨认,典型的结构如幕府山达摩古洞附近的背斜;若该背斜顶部被夷平,在野外能见到的则是与地质图上常见的岩层延伸形式(弧形或"之"字形);若该背斜被平行于轴面的出露面切割,则褶皱的可见部分呈现出与倾斜岩层相似的视觉效果,在现地难以识别;若褶皱的出露面是倾斜的,则在出露面上的岩层分布形式更为复杂,这种情况下,在野外仅通过观察判断褶皱要素具有很大的难度。

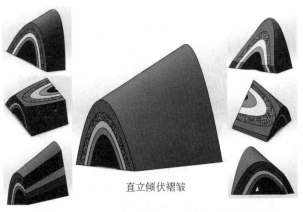

直立倾伏褶皱

图4-28　直立倾伏褶皱被不同出露面切割的形态

四、褶皱形成年代的确定

按褶皱形成与成岩时间的关系可分为成岩后的褶皱(构造运动成因)和成岩之前的褶皱(同沉积褶皱)。

1. 角度不整合分析法

参与褶皱形成的岩层和褶皱形成后的岩层之间必然存在角度不整合。如果不整合面下的一套地层发生褶皱,而不整合面之上的地层没有发生褶皱,则褶皱的形成年代介于不整合面下最新的地层和不整合面上最老的地层之间。如果不整合面上下均发生褶皱,但上下岩层中的褶皱方式不同,则说明至少发生过两次引起褶皱的构造运动。

2. 岩性厚度分析法:同沉积褶皱

在较长的地质历史时期内逐渐变形形成的褶皱,可以通过褶皱地层的厚度来确定其形成年代。

同沉积褶皱是指在沉积作用过程中逐渐变形而形成的一种同沉积构造,又称同生褶皱。由于沉积时背斜顶部同沉积褶皱相对上升,因此岩层厚度和岩相有背斜顶部厚度变小、颗粒较粗,甚至沉积间断的变化。组成褶皱的各个岩层的弯曲程度自上而下逐渐加大,形成顶薄褶皱。

3. 断层、岩脉切割法

与断层类似,可以通过断层或岩脉与褶皱岩层的相互切割关系确定褶皱的相对形成年代。若断层或岩脉切割褶皱且未随褶皱发生弯曲变形,则褶皱形成年代早于断层或岩脉。若断层或岩脉随岩层一起发生了弯曲变形,则褶皱形成年代晚于断层或岩脉。

4. 思考题

确定图4-29中地质结构形成的先后顺序,并在相应的岩层中用数字序号标出。

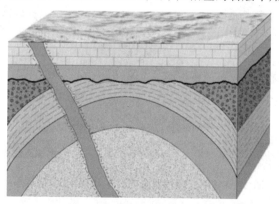

图4-29 褶皱形成年代的确定(改自R M Busch)

第五节 工程地质调查

工程地质条件是与人类工程活动有关的地质要素的综合,包括地形地貌、地质构造、岩土体类型及力学性质、水文地质条件、不良地质作用、天然建材等要素。

一、目的和任务

开展工程地质调查的主要目的是为优化国土空间开发、土地利用规划、重大工程规划、地质环境保障、地质灾害调查评价、监测预警、综合治理、各类工程建设等提供区域性工程地质资料,并针对存在的工程地质问题提出对策建议。

为支撑工程地质调查评价目标,需要完成以下地质调查任务:

(1)调查区域地形地貌、地质构造、岩土体类型及其工程性质、水文地质特征和不良地质作用等区域工程地质条件及其对工程经济活动的影响,划分工程地质岩组,提供各岩组的主要物理力学建议参数。

(2)调查自然或人类活动引发的主要工程地质问题类型、强度、分布和发展演化规律,评价其对工程活动的影响。

(3)构建区域工程地质概念模型与主要工程地质问题评价模型,应开展工程地质分区评价和工程经济活动适宜性评价,宜开展针对主要工程地质问题的专项评价,提出对策建议。

调查工作可分为一般调查、特殊调查和重大工程地质问题专门性调查,调查工作流程一般包括调查准备、野外调查、综合研究与成果编制、成果评审与资料汇交等主要阶段。

二、调查工作内容

工程地质调查的基本内容如下:

(1)地貌及第四纪地质特征,主要包括:各种地貌成因、形态、规模及分布规律,以及不同地形地貌对工程经济活动的影响;区域地形地貌特征参数;第四纪不同成因类型或岩石地层单位的沉积物岩性、物质成分、沉积构造、厚度、岩相纵横变化及空间分布。

（2）地质构造，主要包括：区域构造格架和构造形迹，构造优势面及组合，构造运动期次和性质；区域断层活动性、活动强度和速率，以及区域地应力、区域地震活动、地震加速度或基本烈度资料；主要地质构造，特别是活动构造类型、规模、性质、分布特征和活动性；区域主要节理裂隙的成因类型、形态特征、产状、规模、密度和充填情况等。

（3）岩体工程地质特征，主要包括：地层产状、层序、地质年代、成因类型、岩性岩相特征及其接触关系；沉积岩区岩性岩相变化特征、层理和层面构造特征，岩层接触关系，软弱岩层的岩性、层位、厚度及空间分布等；火成岩区矿物成分及其共生组合关系，岩石结构、构造、原生节理特征，岩石风化程度，侵入体形态、规模、产状和构造特征，侵入体与围岩的接触关系，喷出岩的构造特点，凝灰岩分布及风化特征等；变质岩区成因类型、变质程度、原岩的残留构造和变余结构特点，板理、片理、片麻理的发育特点及其与层理的关系，软弱层和岩脉的分布特点，岩石的风化程度等；岩石的坚硬程度及强度、岩体结构类型及完整程度；岩石的风化程度，风化壳厚度、形态和性质，进行风化壳的垂直分带。

（4）土体工程地质特征，内容包括：土的颗粒组成、矿物成分、包含物、结构构造、密实度和湿度及其物理力学性质；第四纪沉积物的年代、成因类型；不同年代、不同成因类型和不同岩性的沉积物在剖面上的组合关系及空间分布特征。

（5）水文地质条件，内容包括：补充开展与工程规划建设或不良地质作用和地质灾害相关的水文地质条件的调查；含水层和隔水层、埋藏与分布、岩土渗透性、地下水水位与埋深、地下水水化学特征及其对建筑材料的腐蚀性；地下水的流速、流向、补给、径流和排泄条件，地下水活动与不良地质作用和地质灾害的关系。

（6）地质灾害及不良地质作用，主要包括：① 崩塌、滑坡、泥石流的类型、规模、影响范围、形成和诱发机制、危害等及其孕灾条件；② 地裂缝出现的时间、空间分布、发育规模、活动特征、成因类型及诱发因素、危害情况等；③ 地面沉降发生的时间、沉降量、沉降速率、沉降范围、发展趋势等；④ 地下水、地热开采量、开采层位和区域地下水位或承压水头变幅和速率，沉降区内已有构筑物、管线、道路等变形破坏情况；⑤ 地面塌陷诱发原因、发生时间、分布、形态、规模、密度等，上覆第四系土体的类型、厚度及其工程地质性质；⑥ 活动断层位置、规模、性质、特征、产状、延伸展布情况及其对工程建设的影响和损害；⑦ 可液化砂土的性质、结构、埋藏条件，上覆土层的岩性、厚度，可液化土层的厚度和排水条件等。

对于特殊岩土地区，应开展专门调查，调查内容包括岩溶、红层、软土、红黏土、膨胀土、黄土、冻土、盐渍土和污染土等内容。除基本调查内容外，还应侧重于其特殊地质条件的专门工程地质调查。

对于特定的重大工程，还需开展：① 活动断层和地震诱发地质灾害调查；② 岩溶塌

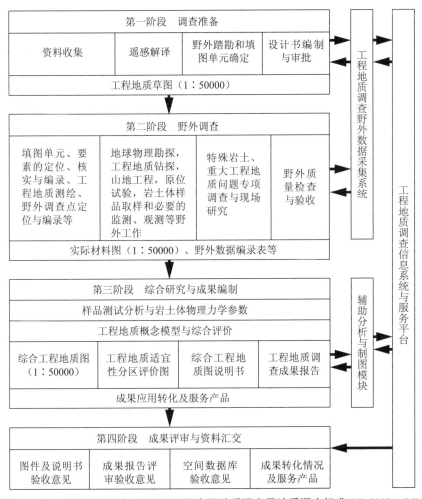

图 4-30　工程地质调查工作流程（据中国地质调查局地质调查标准 DD 2019—06）

陷及岩溶突水；③ 崩塌、滑坡、泥石流高易发区；④ 地面沉降和地裂缝；⑤ 采空区地面塌陷或采煤沉陷区；⑥ 饱和土液化；⑦ 其他特殊工程地质问题调查。

三、技术方法

1. 遥感地质调查

开展土地覆盖类型、地形地貌、地质构造、地层岩性、水文地质等工程地质条件和人类工程经济活动，以及地质灾害和不良地质作用等要素的遥感调查和解译工作，编制工程地质遥感解译图。

2. 工程地质测绘

条件允许时,应使用工程地质调查野外数据采集系统,在地形、地貌图及遥感影像地图上制作电子版的工程地质草图。正式测绘前,应预先实测代表性地质剖面,建立典型的地层岩性柱状剖面和标志,确定工程地质填图单元。地质界线和调查点的精度,在图上误差不超过1毫米;有重要意义的填图单元,在图上不足2毫米者,可放大表示。

工程地质测绘的调查点布置、密度及定位,应符合下列要求:

(1)以路线穿越法为主,对重要的界线可以适当追索,观测路线一般沿工程地质条件变化最大的方向布置;

(2)调查路线间距1~3千米,每个重要填图单元体应有调查点控制;

(3)调查点应充分利用天然和已有露头,当露头少时,可布置一定的山地工程;

(4)一般调查点应采用GPS定位,1:5万比例尺图面误差应不超过1毫米,重点调查点可采用高精度GPS进行定位和高程校正,1:1万比例尺图面误差应不超过1毫米;

(5)调查点数量可根据遥感解译成果适当减少,但最高不超过30%。

调查点记录应客观准确、条理清楚、文图相符。记录可采用手图、采集系统和记录本等格式,并附必要的示意性平面图、剖面图、素描图以及照片等。采集系统和记录本相互补充。

工程地质测绘应提交成果资料主要包括:野外工作手图和实际材料图、工程地质草图、实测剖面图、各类调查点的记录卡片或记录本、工程地质钻探、浅钻、山地工程(坑、槽探)记录表及素描图、地质照片图册、文字总结等。

3. 地球物理勘查

物探方法的选择应根据物性参数、基本原理、适用条件、场地条件及调查的要求综合考虑。对于解决较复杂的地质问题,以采用综合物探为宜。

4. 工程地质钻探

钻探的主要任务是查明地表以下地质结构,岩土体的性状、厚度、埋藏深度、分布范围以及水文地质条件等,并为采取试验样品,进行野外测试提供条件。

钻探的主要目的包括:

(1)了解岩土体的性状、厚度及其空间分布规律;

(2)研究地质构造变化、破碎带空间分布、构造岩岩性和充填物及其胶结程度以及它们随深度的变化情况;

(3)了解风化带、滑动体、岩溶等外动力地质现象的空间分布、规模、组成物质或填充物的性质及发育规律;

(4)了解透水、含水层组的岩性、厚度、埋藏条件、渗透性、地下水的水位、水量和水质；

（5）进行取样试验及野外测试，了解岩土体的工程地质性质及其空间变化规律。

工程地质钻孔竣工后提交的资料主要包括：钻孔设计书、钻孔小结、钻孔工程地质柱状图、岩芯照片、岩芯编录表、钻探班报表、岩石质量统计表、钻孔质量验收书等。

5. 山地工程

山地工程的任务是了解岩土层界线、破碎带宽度、构造现象、岩脉宽度及延伸方向、包气带结构、地裂缝和滑坡等特征，并采取岩土样品，一般采用坑探、槽探和井探等轻型工程。

6. 原位测试

选择原位测试方法应考虑岩土体条件、物理力学参数、地区经验等因素，参照《岩土工程勘察规范》(GB 50021—2017)。原位测试成果应结合原型试验、室内土工试验及工程经验等进行综合分析。

（1）标准贯入试验

适用于砂土、粉土、一般黏性土、残积土、全风化岩及强风化岩。标贯试验间距在砂层内可取 1～2 米，其他层内可视情况而定。

（2）圆锥动力触探试验

重型圆锥动力触探试验和超重型圆锥动力触探试验适用于强风化、全风化的硬质岩石，各种软质岩石、碎石土，间距以 1～2 米为宜。

（3）静力触探试验

适用于软土、一般黏性土、粉土、砂土和含少量碎石的细粒混合土。宜采用双桥探头或带孔隙水压力量测的双桥探头，分别测定锥尖阻力、侧壁摩阻力和贯入或消散时的孔隙水压力。当探杆贯入深度较大，或穿过厚层软土后再贯入硬土层或密实砂层时，宜采用设置导向管或配置测斜探头等测定孔斜措施。

（4）十字板剪切试验

适用于饱和软黏土。在钻孔中进行十字板剪切试验，测定其不排水抗剪强度、残余抗剪强度和灵敏度。

（5）旁压试验

在钻孔中，通过对测试段孔壁施加径向压力使地基土体相应变形，测得土体压力与变形关系的一种原位测试方法的统称。适用于黏性土和砂性土层，可测得土体压力(P)—变形(S)曲线及容许承载力、变形模量等指标。

（6）点荷载试验

适用于测定不经修整的岩芯或稍加修整的不规则岩样，可估算单轴抗压强度和抗拉强度。每类岩石测定不少于3组样，岩芯试件数量每组应为5～10个，不规则试件数量每组应为15～20个。

（7）波速试验

适用于测定各类岩土体的压缩波、剪切波或瑞利波的波速，可根据任务要求采用单孔法、跨孔法和面波法。

（8）渗透性试验

现场渗透性试验方法可根据含水层介质、地下水分布特点，选择注水试验（黏性土）、抽水试验（砂土）或压水试验（基岩）。

7. 室内试验

岩土的室内试验项目和试验方法应根据设计要求和岩土性质的特点等综合确定。应对照所送岩、土、水样和试验项目逐个逐项进行检查验收。原状土样室内保存时间不宜超过3周。

土的试验项目一般包括：粒度成分、土粒密度、天然密度、天然含水率、界限含水率、压缩系数、压缩模量、抗剪强度；可选项目包括：三轴剪切试验、非饱和土试验、腐蚀性、高压固结、渗透系数、无侧限抗压强度、有机质等指标。

岩石试验项目一般包括：颗粒密度、岩石密度、含水率、吸水率（包括饱和吸水率和饱和系数）、干和湿极限抗压强度、软化系数、抗剪强度等。试验方法参照《工程岩体试验方法标准》（GB/T 50266—2013）执行。单轴抗压强度宜分别测定干燥和饱和状态下的强度，软岩可测定天然状态下的强度。

水质分析项目主要包括：pH、Cl^-、SO_4^{2-}、HCO_3^-、Na^+、Ca^{2+}、Mg^{2+}、游离CO_2、侵蚀性CO_2、硬度和要求的其他项目。试验方法参照《土工试验方法标准》（GB/T 50123—2019）执行。

四、综合评价

1. 工程地质概念模型

按照物质组成、结构特性、物化特性、赋存环境、边界条件等来表征区域主要工程地质条件，明确工程经济活动的主要类型、活动维度，建立工程地质概念模型，综合反映区域工程地质条件、主要工程地质问题和工程经济活动及其演化过程。分类提出工程地质概念模型中的关键问题，包括调查区主要工程地质条件和特色工程地质问题，重点考虑与工程经济活动相关的特殊岩土体、重大工程地质问题等因素。

2. 岩土体物理力学参数

进行岩土体的工程地质定性分类和分级,建立区域主要地层的岩土体物理力学参数库。岩土体物理力学指标应根据成因、岩性、物理力学指标划分的最小填图单元进行。将调查区原位测试、室内试验测试数据或成果报告,根据空间定位,建立工程地质调查试验测试数据列表、空间数据图层并在工程地质图上合理表达。

3. 工程地质分区评价

以工程地质概念模型为基本依据,结合区域工程地质复杂程度和工程经济活动的布局,合理确定分区评价单元,按照可分级和可量化程度、数据可获取性及其确定性程度,合理确定评价指标体系和评价方法。

开展区域性重大工程地质问题专项调查,应分类评价其发生的可能性、频率、空间位置、强度、可能的危害和风险,建立区域重大工程地质问题危险、风险评价模型和指标体系,进行分区评价。

4. 工程活动适宜性分区评价

在工程地质条件分区评价的基础上,结合服务对象和工程经济活动的需求,综合选定评价指标,采用定性—定量的方法,从安全性、技术可行性、经济性、生态环境协调性等方面将工程经济活动适宜性划分等级。

第五章

南京地区实践实习场所和路线

第一节　南京地质博物馆

南京地质博物馆位于南京市玄武区珠江路,是中国历史最悠久的自然科学博物馆之一,也是中国第一个以地质矿产为主要内容的专业博物馆,其前身是 1913 年成立的原中央地质调查所地质矿产陈列室,是中国地质科学的发源地,也是培养中国地质工作者的摇篮。

南京地质博物馆隶属于江苏省地质调查研究院,建筑面积近 10000 平方米,展出面积达 6000 平方米,设地学摇篮、中国石文化、矿产资源、地质环境、行星地球、生命演化、恐龙世界 7 个常设展厅及临时展厅、学术报告厅等,展出岩石、矿物、古生物等标本约 5000 件。博物馆标识系统完备,配套设施齐全,展陈手段先进。除常年对外免费开放外(周一、周二闭馆),还在地球日、科普周、土地日、博物馆日等时间深入社区进行宣传。

南京地质博物馆由新、老馆组成。老馆即中央地质调查所旧址,始建于 1935 年,是一幢德式风格的红色三层建筑物,建筑面积 2500 平方米。新馆建成于 2010 年,是一幢现代风格的四层建筑物,建筑面积 7200 平方米。老馆设置了地学摇篮、中国石文化、矿产资源和地质环境 4 个展厅。新馆设置了恐龙世界、行星地球、生命演化和临时展厅 4 个展厅。

图 5-1　博物馆前的叠层石(产自徐州,约 8 亿年前,生物沉积构造)

一、老馆

1. 地学摇篮展厅

一层的地学摇篮展厅形象、直观地展现了中国古代地质学思想和中国近现代地质科学发展历程。它展现了原中央地质调查所的诞生、成长和取得的卓越贡献,重点介绍了我国48位两院地学院士的风采。他们是近现代中国地质科学研究发展历程的奠基者、开拓者和见证人,为中国地质科学事业的发展书写了辉煌的篇章。《地学摇篮》展厅也是再现原中央地质调查所发展历史的展厅。该展厅包含了序厅48位院士浮雕墙、古代地学思想、地学院士成功之路等内容。

2. 中国石文化展厅

在该展厅参观者可以领略我国源远流长的石文化历史,其中宝玉石文化、文房石文化、园林和观赏石文化,陈设形式新颖独特、展品内涵丰富。该展厅包含有古代中国的石文化介绍、大型岫岩玉雕件、翡翠介绍、知名宝石展台、矿物观赏石展台、四大名石之昆石、大型海百合化石标本等。

3. 矿产资源展厅

布设了世界矿产资源、中国矿产资源、江苏省矿产资源、中国古代采矿技术、矿产资源开发利用等几个展区。采用互动形式展示了世界、中国、江苏的矿产资源分布。用先进的真人幻象技术和实景模型生动再现了古代铜矿开采场景,使观众不得不惊叹于古人的聪明才智。

4. 地质环境展厅

主要展示和演示地质灾害与防治、矿山环境与治理、地质遗迹保护等内容。观众可以身临其境,感受地震爆发时的震动和海啸、滑坡、泥石流等自然灾害,还可了解灾害发生的根源、预防及治理等专业知识。该展厅包含地质灾害模型展示区、地面沉降预警预报展示区、地质公园和地质灾害治理展示区等。

图5-2 老馆门前的巨型水晶

二、新馆

1. 恐龙世界展厅

恐龙世界展厅占地面积 600 平方米,贯通第 2 至 4 层、模拟中生代场景的巨大展示空间,陈列有世界上保存最完整、亚洲最大的恐龙化石——炳灵大夏巨龙化石(发现于中国甘肃炳灵寺附近,因而得名),它身高 8 米、体长 28 米的装架模型与其真骨化石(10 枚颈椎、10 枚背椎、2 枚近端尾椎、部分颈肋和背肋、1 枚脉弓、右肩胛骨、右鸟喙骨和右股骨)同时展出;装架展出了杨钟健先生在国内首次发现的 3 具恐龙真骨化石;还配有恐龙影院、模型互动、恐龙常识介绍与知识查询展区。

2. 行星地球展厅

行星地球展厅共分为 4 个展区:沧海一粟、斗转星移、圈层结构和运动地球。该展厅通过实物标本、仿真场景、模型、视频、图板等载体,揭示了宇宙和恒星的起源与演化;太阳系的形成;地球的诞生、结构与运动;矿物和岩石等地质奥秘。该展厅主要通过现代化科技的手法,模拟宇宙飞船船舱、制作视频、模型场景等,将地球相关的科学知识生动地呈现给观众。

图 5-3 新馆中展陈的大型硅化木

(产自缅甸,形成于约 1.45 亿年前侏罗纪地层,全长 26 米)

3. 生命演化展厅

采用实物标本陈列、模拟场景展示、演化长廊表现等形式,展现生物进化与演变、生命发展历程、人类之旅等。观众可以身临其境,体验生命的诞生、演化的曲折经历,了解生命进化由水生到陆生、简单到复杂的过程。该展厅主要有中国化石群、化石标本展室以及古生代海洋、陆地、沼泽、森林、平原等场景,详细展示了人类进化的历程。

三、虚拟展厅

南京地质博物馆的官方网站除了有主要展厅的简要介绍外,还有全景漫游功能(图5-4、5-5),观众可以足不出户在网上参观主要展厅。但是对于岩石与矿物,还是需要现场参观才能保证效果。

图5-4 虚拟博物馆

图 5 - 5　网上漫游恐龙展厅

第二节　江苏六合国家地质公园

　　江苏六合国家地质公园位于南京市六合区,南依滁河和长江,与南京主城区隔江相望,是以火山群、玄武岩石柱林、含雨花石地层及古冶炼－采矿场等地质遗迹为特色,融奇山、秀水、生态、人文景观为一体的综合性地质公园。园区内有地质遗迹 30 多处,地貌由丘陵、岗地、沿江冲积平原等单元组成,地势北高南低,山不高而秀,山顶多由玄武岩组成。20 余座盾火山星星点点地耸立在冲积平原上,形成了带状分布的火山群,最高峰冶山海拔 231 米,主要地质遗迹面积约 60 平方千米。

　　桂子山、瓜埠山、马头山等石柱林是大自然鬼斧神工的杰作,为约 1000 万年前火山喷发而成,造型奇特,引人入胜。桂子山石柱林规模宏大,根根石柱壁立参天,有如刀劈斧削,世界少有;马头山彩色石柱林造型独特,错落有致,别有情趣;瓜埠山石柱林产状多样,组合生动,最高可达 70 米,为国内仅见。

一、桂子山

桂子山位于南京市六合区 421 省道与 353 省道交叉路口东南侧,东经 118°55′56″,北纬 32°27′42″,是六合国家地质公园主要景区之一。桂子山石柱林占地面积 1500 平方米,陡壁高 30 多米,全部由直径 30～60 厘米的"石树"组成,排列整齐紧密、形状奇特、气势雄伟,犹如鬼斧劈就,神工铸成,极为壮观。

桂子山石柱林是约 1000 万年前火山爆发时基性岩浆喷发到地面冷凝而成,由原生节理分割而成的数万根六棱形、五棱形石柱形成了剑指苍穹、万箭齐发的壮观场面(图 5 - 6、5 - 7)。

图 5 - 6 桂子山石柱林

有诗赞曰:上溯万年,冲天赤焰三千丈。遨游六合,掷地琼林十万株。

石柱林中几组不同方向的节理将岩石切割成多边形柱状体(图 5 - 8),柱体垂直于火山岩的基底面。玄武岩柱状节理形成机制的主导学说是"冷却收缩说"。该学说认为,火山喷发过程中,火山内部岩浆外溢,当下部的岩浆压力不足时,岩浆便留在火山通道中慢慢冷却。在冷凝过程中,柱状节理和等温面就会随之发育。柱状节理的生成方式是平坦的熔岩冷凝面形成无数规则而又间隔排列的收缩中心,岩浆冷凝时产生垂直于收缩方向

图 5-7　桂子山倾斜产状的玄武岩石柱

图 5-8　典型石柱断面

的张拉裂隙,岩石物质向特定的凝固中心聚集,致使岩石裂开,形成多面柱体。在理想情况下,如果熔浆是均质的,则收缩中心的距离相等,最终在平面上呈现正六边形图案,随着岩浆不断冷却凝固,张拉裂隙在垂直于冷凝面的方向上形成规则的六棱柱体。实际上,受复杂环境条件和岩石本身非均质性的影响,在柱列断面上,往往形成六边形、五边形、七边形等多种形状混杂组合的情况。

虽然目前冷却收缩说占主导地位,但是也有人(如 Sosman R B)曾提出过"对流作用"假说。Kantha L H 还提出了玄武岩柱状节理形成是由于"双扩散对流作用"。Kantha 认为,高度规则的玄武岩柱状节理是由熔融岩浆在冷却期的双扩散对流作用所引起的。在熔融的玄武岩浆中，黏滞岩浆的顶、底部之间的温度与化学成分的差异性，能导致高度规则的"柱指运动"。最后，当岩浆发生固结作用，在冷却期，由收缩作用所产生的张拉裂隙，就沿着互相毗连的"玄武岩指"的接合处，即沿着由对流作用所形成的"路径"从表层传播，深入岩体内部，从而导致柱状节理的形成。在玄武岩石柱较粗时（如马头山的玄武岩石柱），还可以观察到与岩柱轴向垂直的一组节理面（图5-9）。

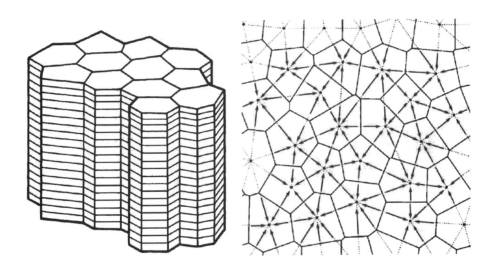

图5-9　玄武岩石柱形成机制示意图

二、瓜埠山

瓜埠山位于六合区瓜埠镇，东经118°53′32″，北纬32°15′12″。瓜埠山的石柱林是江苏六合国家地质公园的主要景区之一，石柱的产状十分多样，最高处有60~70米，形成了"雄师之塔""孔雀开屏"等丰富多彩的景观，是十分珍贵的火山遗迹。这样的景观在国内绝无仅有，身临其境时，不得不惊叹大自然的鬼斧神工。东晋南北朝时期，瓜步曾经是军事争夺要地。这里产生过很多典故，比如目光如炬、弹冠相庆、自毁长城、瓜步之战等。

从景区入口进入，沿右手侧逆时针方向参观，可以依次看到玄武岩湖、玄武岩崖壁、向上放射状玄武岩石柱（孔雀开屏）、反拱状玄武岩石柱、向下放射状玄武岩石柱（和反拱状石柱共同构成雄师之塔）、近水平产状的玄武岩石柱、玄武岩石柱构成的丘陵、含雨花石的地层、玄武岩石柱崖壁和喷发不整合接触等地质现象（图5-10）。沿路可以看到火山弹、火山渣、火山集块岩、砾岩、雨花石等，甚至可以找到角闪石、橄榄石等造岩矿物，对

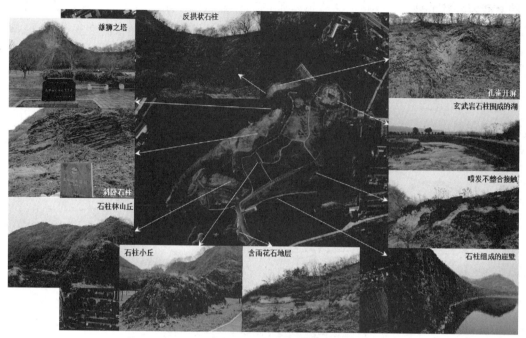

图 5–10 瓜埠山景区主要地质遗迹分布

于理解和认识火山地质作用与火成岩产状具有十分直观生动的教育意义。

主要地质景观 1：雄狮之塔（彩插"瓜埠山：雄狮之塔"）

从景区入口进入景区，从公园中间科普广场向西北方向望向瓜埠山，不同产状的玄武岩石柱和山顶的火山渣共同组成了该地质景观，仿佛一头雄狮卧在远处休息。雄狮的头部由向下放射状玄武岩石柱支撑，脸部由火山渣组成（头部为火山颈），反拱状的玄武岩石柱构成了背部，臀部和腿部则由另一组放射状玄武岩石柱组成。

主要地质景观 2：孔雀开屏（彩插"瓜埠山：孔雀开屏"）

在雄狮之塔北东方向不远处，有一组自下而上的放射状玄武岩石柱，排列整齐，形状美观，形似孔雀开屏。

瓜埠山的玄武岩石柱无论是规模还是产状都较桂子山更为丰富。Jaeger J C 构建了火山喷发过程中温度场的数值模型，给出了魔鬼塔构造（美国西部怀俄明州一个由玄武岩石柱构成的火山颈出露，为美国国家名胜）的成因解释。根据冷却收缩说，决定玄武岩石柱产状的主要因素为温度场，柱状节理的轴向总是倾向于与等温面垂直。岩浆侵入体与围岩体的不同接触关系，形成了不同的温度场，进而决定了玄武岩石柱的方向。

假设岩浆与围岩的边界为 AB、CDE 和 FGH（图 5–11），岩浆从地下涌出，顶部火山口被火山渣及凝固的岩浆阻塞后，岩浆将滞留在火山通道内部缓慢冷却，形成如图所示的温度场,从而在不同部位形成不同产状的玄武岩石柱。实际发生的岩浆冷却过程和边界条件远比理想模型复杂,还有可能是多期岩浆作用形成的,后经风化作用和人为采石揭露,因此其产状、分布和出露丰富多彩,形成了不可多得的地质景观。

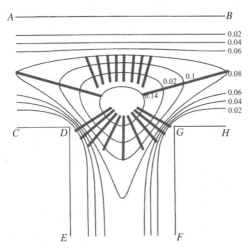

图 5‑11　放射状玄武岩石柱成因的"冷却收缩说"原理示意图

景区东南角有一个低矮的小丘,层状的玄武岩和未完全固结的砾岩交叠分布,为喷发不整合接触。喷出的玄武岩熔浆因为快速冷却形成与温度梯度近似正交的层状玄武岩。层状玄武岩上覆沉积物,沉积物上又有玄武岩,反映了岩浆喷发的多期性。

景区的南侧边缘有新近纪和第四纪沉积物剖面,沉积层理近似水平,沉积物尚未胶结成岩,沉积物中含有雨花石。

三、六合方山

六合方山是南京地区最大、保存最为完整的新近纪火山遗迹,位于南京市六合区东沟镇北约 4 千米,东经 118°59′09″,北纬 32°18′34″,顶底高差约 150 米,最大海拔 188 米,面积约 2 平方千米,东西窄而南北较宽,外形大致呈圆锥形,俯视呈马蹄形。

六合方山为典型的中心式火山机构(图 5‑12)。在该火山机构中,各火山岩相的表现均较清楚。该火山形成于新近纪上新世。在火山基底地层中新世的雨花台组沉积之后,开始有小规模的火山爆发。喷发停歇后有一层火山碎屑的沉积岩堆积,然后是熔岩溢出,形成溢流相的下玄武岩段。接着火山爆发作用趋于强烈,从火山口中抛出大量熔浆及熔岩团块,形成富含火山弹、火山砾及火山渣的爆发相火山碎屑岩。粒度较细的凝灰级火山碎屑飘落到离火山口较远的地方和陆源碎屑共同形成喷发沉积相。此后喷发作用减弱,又一次溢出玄武质熔岩,形成溢流相的上玄武岩段。伴随着这次喷溢,还有辉绿岩侵入,填塞了火山颈和环状裂隙,呈岩颈或岩墙产出,形成火山通道相和次火山相。

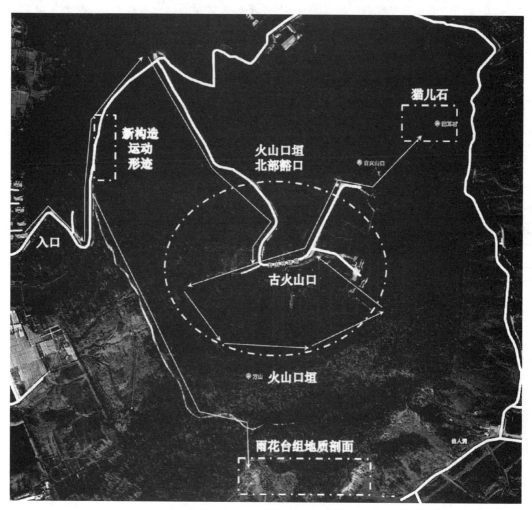

图 5-12　六合方山古火山口俯瞰图

　　从山体西侧入口进入,上山公路两侧可以看见新构造运动形迹。由于经历了近 1000 万年的外力地质作用,火山地表大多被不同厚度的沉积物覆盖,岩石揭露面不如瓜埠山明显。但沿路仍然能够看到很多典型的火成岩。最为常见的就是溢流相的玄武岩、浅成相的辉绿岩和喷发相的火山碎屑岩。其中火山口东北侧边缘由火山喷发形成的巨型玄武岩块石造型独特,形似猫耳,岩石中可见典型的气孔构造。

　　方山古火山口位于山体中央位置,地貌上为洼地,深约 30 米,大部分已经成为茶园,实际火山口深陷约 80 米。火山口外围为火山口垣,其东、南、西三面为玄武岩陡崖,北侧中部为相对低矮的豁口。火山口之下为火山颈,主要由岩浆通道内的次火山岩形成(图 5-13)。

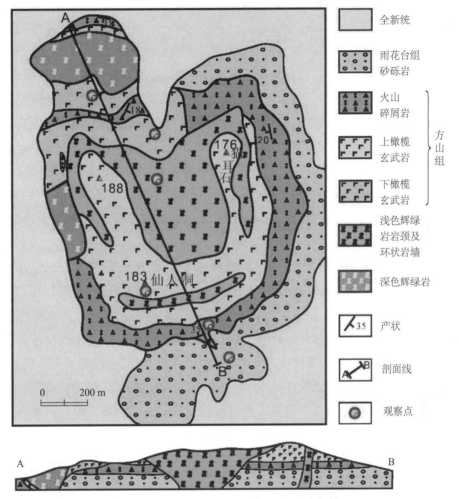

图 5-13　六合方山地质示意图(据刘家润等)

六合方山雨花台组地层在南坡坡下出露较好,岩性(未固结或弱固结)主要为中、厚层砂砾层(灰黄色、黄褐色、灰白色),砾石成分主要为燧石、石英等,砾石磨圆度和分选性较好,砂层尚未完全固结,层理发育,含有硅化木化石,厚度约 30 米。地层顶部坡面散落着碎块状玄武岩。

雨花台组地层是一套新近纪在河流相环境下沉积的砂砾层,泛指南京附近一套位于赤山组之上、玄武岩之下的砂砾层,是由古长江河流冲积形成的,同时也是南京名石——雨花石富集的地层,广泛分布于六合、江浦、江宁、仪征等地区。

雨花石（又称六合石、五彩石）被誉为"天赐国宝，中华一绝"，佛教神话传说"天花乱坠"中花落如雨，落地成（雨花）石，化作遍地绚丽的石子。雨花石是花形的石、石质的花，凝天地灵气，聚日月精华，具有深厚的石文化底蕴。雨花台"雨花说法"为金陵四十八景之一，遗憾的是由于雨花台附近的含雨花石地层未受到良好的保护，已难觅雨花石的踪迹，只能从位于雨花台的雨花石博物馆中领略雨花石瑰丽的风采。

雨花石主要有两类。一类是具有美丽花纹的鹅卵石，其母岩是各种岩性的岩石，以石英岩和其他变质岩为主，由于包含不同的杂质而呈现出多彩的颜色，或经历变质作用形成多变的纹理，岩石破碎、磨圆的过程中，纹理经不同形状的表面切割，形成美丽的表面花纹。另一类是玛瑙质的鹅卵石，它的圈状花纹是二氧化硅胶体溶液在火山岩内部空腔逐层沉积形成，在沉积过程中，常发生带色金属离子和化合物的周期性变化，再经风化、搬运、磨圆、沉积，形成丰富的色彩和形态。

雨花石的品质一般从质、形、纹、色等角度评判。从石质方面看，玛瑙质为珍品，蛋白石、玉髓等质地细腻者（隐晶质）为上品，玉石混杂质地的为中品，石质（硅化灰岩、碎屑岩及各种变质岩）为下品。形状上以扁圆体和椭圆体为主，形状美观、棱角圆润。在纹理和色彩上，玛瑙质雨花石具有先天优势，而玉石混杂质地或石质雨花石中产出象形石、风景石的可能性更高。

雨花石的品质和价值是因人而异的。如果能亲手挖掘采集，即使质地品相算不上珍稀，对当事人来讲也是值得收藏的珍品。由于雨花石名声在外，经过多年无计划的采掘，目前能够找到雨花石的地方比较有限。六合方山、灵岩山、横山及附近的雨花石村、南王村目前仍有很多雨花石矿场或含雨花石地层出露（彩插"雨花台组地层与雨花石"）。仪征月塘镇也是雨花石的主产地，有兴趣的可以前去寻宝。

四、冶山、马头山、捺山

1. 六合冶山

南京冶山铁矿有着悠久的开发历史，早在西周即为采铜炼铁之地，已有 3000 多年，是中华冶炼的肇始地，其地下开采直观、形象地展现了我国从西周至现代采矿技术的发展史。

冶山国家矿山公园位于南京市六合区，紧临金牛湖风景区和桂子山石柱林，是一座以"采冶文化、采矿遗迹、铁矿采选"等特色资源为主体，融科学考察、休闲娱乐、科普教育为一体的矿矿公园，也是华东地区唯一以铁矿采选为主题的国家矿山公园。冶山国家矿山公园以矿业遗迹景观为主体，即冶山铁矿博物馆、冶炼遗址、大峡谷（吴王谷）、仙人洞、

F8断层、井下巷道、选矿遗迹等,具有罕见性、独特性、多样性和典型性,不仅是普及地质知识的良好课堂,也是一部再现矿山开采的实物史书。

大峡谷,又称"露天塘口",也称"吴王谷",是人工开采矿石的遗址(图5-14)。其东西宽1000多米,南北宽200多米,纵深100多米,是江苏省最大的人工大峡谷和最大的枯水坑。大峡谷塘口南坡上有两眼距离谷底61~63米的矿洞,开凿于峭壁山崖之上,人称"仙人洞"。1957年被发现以来,洞里先后发现耙子、锤子等开采工具和铸铁工具,还有人的遗骨。"仙人洞"是冶山历史上近代人开矿所留下的遗迹,所以"仙人洞"的真正含意可理解为"先人洞"。

F8断层位于大峡谷中"仙人洞"的东西两侧,是一处直立而平整的崖壁,也叫"8♯断层"。根据观察与分析,"F8断层"产生于燕山晚期,距今约7000万年,是典型的正断层。

图5-14　大峡谷塘口、仙人洞和F8断层

冶山的主要区域断裂带有北东向的杨官庄—施官集断裂、金牛断裂,北西向的天明化工厂—东王庙断裂,九头山—金牛山断裂等。冶山矿业崔山段地处苏皖交界的低山丘陵区,属苏北凹陷六合—天长隆起的一部分。在北条山上的三个山头,从西向东依次排

开,分别是海拔 231.44 米的冶山、海拔 184.19 米的崔山和海拔 228.69 米的老尖山,这一带共有大大小小 22 个断层,较为明显的是 F1—F8 断层。F8 断层为我们在野外认识地质断层及其性质提供了直观课堂,可以看到地层、岩脉、矿脉等地质体在平面或剖面上突然中断或错开,辨识断层两盘岩石相互摩擦留下的痕迹,从而鉴别两盘运动方向,确定断层性质。F8 断层上的两眼矿洞即"仙人洞",系先人开采矿石的遗迹。在 F8 断层的下盘,矿业公司自 1957 年开始进行分班次、分段落的开采,日积月累的剥土和开采成就了"大峡谷"。F8 断层是具有地区性典型意义的矿产地质遗迹,具备南京地区少有的地壳运动特征。

目前冶山的矿产资源已经开采枯竭,原地下矿井经过改造,可供游人参观。乘坐罐笼来到地下 140 米深处的井口大巷,穿行于犹如地下迷宫般的巷道中,可以零距离体验铁矿工人的劳动场景,运输小车、卷扬机、水泵等仿佛还随时准备投入生产。电机车和电机车轨道是井下的一道风景,用来运送矿石、废石以及建井材料。矿开到哪,铁路就会延伸到哪,日积月累,这样的井下巷道也就形成了纵横交错、千回万转的地下迷宫。

2. 马头山

位于金牛湖街道东北的马头山因形似马头而得名,虽海拔不高,但山峦起伏,地形复杂。马头山开石采石由来已久,曾一度以开采石料为主要经济来源。马头山生态环境优良,其中多有以石成画的美景。最著名的当属马头山的水上石柱林。该石柱林位于马头山村南的饮马潭,开山采石时被发现,当地政府叫停保护后,原矿坑蓄水成潭,映着整齐的石柱林,成为难得的地质景观(图 5 - 15)。

马头山石柱林相较于桂子山和瓜埠山,其产状较为单一,基本上为竖直的石柱,但是有两个突出的特色。一是水潭南侧的玄武岩石柱的尺寸十分巨大,单根石柱的直径可达 1.5 米以上(桂子山和瓜埠山的石柱大多只有 20~40 厘米),巨大的石柱整齐排列,十分壮观;仔细观察,有的石柱还形似士兵。二是水潭北侧的石柱出露方式颇为特别,玄武岩石柱从水面到山顶呈台阶式错落有致地分布,仿佛一栋由四层柱廊组成的宫殿。同时,由于风化和蚀变,原本黑色的玄武岩变得色彩斑斓,不仅有黑色,还有白色、黄色、绿色等,形成了五彩柱廊的独特地貌景观。

3. 捺山(仪征)

仪征捺山海拔 146 米,位于江苏省仪征市月塘镇,距离六合方山约 30 千米,是 500 多万年前新生代岩浆作用形成的盾形火山。捺山地质公园有一系列完整的喷发旋回,山体中具有形态各异的玄武岩石柱群,还有完整的火山结构,是科学价值较高的地质遗迹。

捺山曾位于古长江入海口,因地壳变动,火山突然爆发,喷发出的炽热岩浆来不及充分溢流即遭遇到四面汹涌而来的江水海潮而迅速冷却,在降温的过程中凝固成有序的玄

象形石
多层柱廊式石柱林
蚀变的玄武岩石柱
约1.5m
巨大的玄武岩石柱
现代泥裂

图 5－15 马头山玄武岩石柱

武岩柱体。由于火山活动的反复进行,岩浆多次侵入,已冷凝成形的玄武岩柱受挤压,呈多姿多态的垂直状、斜插状和平卧状,形成了现在的石柱山。曾经的火山熔岩被岁月长期埋没。20世纪末,人们在挖砂采石的过程中陆续挖出了条状石块。后经地质勘查,才知道这些条状石块曾是淹没在江底的火山石,它见证了大自然罕见的一段"水火相融"的奇迹。

捺山保留了完整的火山机构,平面上近似呈圆形,南北长1300米,东西长1200米,火山口由1座主火山和5座寄生火山组成,具有火山爆发相—溢流相—中心相(次火山相)的喷发旋回,同时具有多期次活动的特点(图5-16)。捺山火山以由基性的玄武岩熔浆形成的橄榄玄武岩、气孔状玄武岩为主体,中心相玄武岩柱状节理发育。捺山火山岩属于方山组,地层厚度大于100米,属于新近纪中上新世,主要岩性有角砾凝灰岩、沉凝灰岩、集块岩、气孔状玄武岩、橄榄玄武岩、蚀变玄武岩、辉绿岩等,局部还可见火山弹。与六合方山、江宁方山不同的是,仪征捺山拥有多座寄生火山,其中一座被切开,可以近距离观察寄生火山的机构及火山通道相火成岩。

图5-16　仪征捺山石柱林景观

第三节　江苏汤山方山国家地质公园

　　江苏汤山方山国家地质公园于2009年获得国土资源部的批准,获得建设国家地质公园的资格,位于南京市江宁区,分汤山园区和方山园区,规划面积29.15平方千米,主要地质遗迹面积18.4平方千米。江苏汤山方山国家地质公园内地质遗迹丰富,且具多样性与典型性。

　　江苏汤山方山国家地质公园主要由汤山猿人洞遗迹、汤山温泉、地质剖面走廊、新近纪火山(方山火山)、明代皇家采石场阳山碑材遗址五大主题以及博物馆构成。其中适宜开展地质实习的主要是湖山地区(包括阳山碑材遗址、猿人洞和古生代地质剖面走廊)和方山地区(火山岩、火山机构)。两者虽同属一个国家地质公园,但地质内容完全不同,汤山园区以地层和地质构造遗迹为主,而方山园区则主要以火山岩和火山地貌为主。

一、阳山碑材景区

1. 概况

阳山碑材位于江苏汤山方山国家地质公园汤山园区西段阳山的东南坡,是明成祖朱棣为颂扬其父明太祖朱元璋的功德而开凿的神功圣德碑遗址(图5-17)。阳山碑材利用山体中完整性较好的巨厚层栖霞灰岩开凿,由碑座(高8.59米,宽11.64米,厚23.3米,重约6198吨)、碑首(高6米,宽11.74米,厚4.6米,重约862吨)、碑身(高25米,宽9.84米,厚4米,重约2617吨)三部分构成。若将上述三部分按碑式垒起,总高度达39.59米,总重近万吨,堪称绝世碑材,令人叹为观止,是历史文化与地质遗迹相结合的世界奇迹(2005年入选吉尼斯世界纪录)。清代著名诗人袁枚在《洪武大石碑歌》中惊叹:"碑如长剑青天倚,十万骆驼拉不起。"三块碑材饱经风雨,见证了南京城600余年的兴衰。

景区内建有明文化村,较为完整地为现代人展示了明代世俗生活画卷。景区北至阳山脊,南至雁门山,东至汤山采石场,总面积约23万平方米,将阳山碑材包括在内形成了完整的采石场景,主要景点有阳山问碑、古采石场、碑座、碑身、碑首、一线天(碑身与山体之间)等。景区内地质现象和地质遗迹丰富,如断层、结核、褶皱等,尤其是大石碑碑座附近的断层,揭露较好,具有很强的代表性,是很多院校的地质实习点之一。

图5-17　阳山碑材景区全貌(由东向西)

2. 大石碑碑座附近的节理和断层

从阳山山脚的明文化村拾级而上，行至半山，即可见巨大的古采石场。古采石场长近 200 米，北段较宽处约 60 余米，自南朝以来开始开采柱础、石碑等石料。

阳山古采石场位于一处小的向斜构造，栖霞组灰岩岩层倾角较平缓，断裂较少，适合开采大型石材。由于持续时间很长的采石活动，阳山碑材景区有大片的岩石露头，为观察地质构造提供了极大的便利。其中最为典型的是出露于大石碑碑座之西约 50 米的一条断层。该断层发育于陡山—大石碑向斜核部的栖霞组灰岩中，断层走向与大石碑向斜枢纽近于垂直，是一条正—平移断层。断层面上部略右倾（倾向观察者右手侧），下部与地面近乎垂直，断距约 3 米，断层带宽 0.3～0.4 米，断层带内见有断层角砾岩，角砾呈棱角状，成分为灰岩，大小不一，杂乱堆积，角砾间胶结物为泥钙质或方解石，断层带可见梳状方解石脉充填。断层两旁灰岩岩层产状相同，沿走向上下不连续，沿断层带有明显水痕（彩插"阳山问碑：大石碑碑座附近的断层"）。

关于该断层的性质，历来争议较大。从采石揭露崖壁直接观察，其上盘上行，下盘下行（这一观察结果与部分公开出版资料相悖），似乎符合逆断层的定义；从断层面和断层角砾岩的角度判断，其断裂面张开，应属张拉型断裂（正断层）；从区域构造应力场和断层之间的相互关系判断，该断层有可能以平移为主，之所以呈现出目前的状态，有可能是倾向断层效应引起的上盘上移的假象。综合各种资料，该处断层应为平移正断层或正平移断层（图 5-18、5-19）。

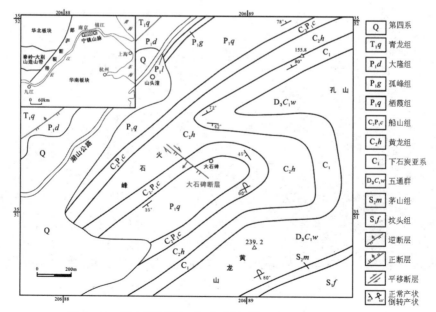

图 5-18 湖山地区西部（阳山碑材附近）地质简图（据李甜等）

除明显的断层外,面向断层观察,在其左侧地面还存在一条极明显的节理,其最显著的特征是沿地面延伸的白色方解石脉体。方解石脉体大致呈直线从地面沿北西西方向延伸至断崖处,在断崖上黑线两侧的倾斜裂隙虽然错断,但是两侧岩体并没有明显的相对移动。

此处场地可以帮助学生学习确定断层发育的层位及构造部位、识别断层存在的证据及特征、测量断层要素的产状、确定断层的动向及性质等。

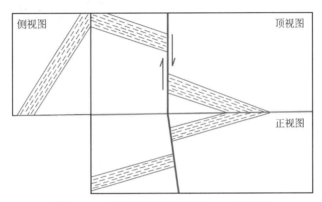

图 5-19　大石碑断层的断层效应三面视图

栖霞组灰岩硬度较大,古代开采工具有限,只能用铁锤、铁钎一点一点开凿。大石碑碑身、碑座以及附近的岩壁上,随处可见条条凿痕。由于工作量大,生活条件恶劣,很多石工因此累死。附近的“坟头村”即是这段血泪史的历史见证。

为了降低开采碑材的难度,古代石工充分利用了阳山岩层的断裂构造,选择了一条北东走向近乎垂直的断层作为碑身的边界,沿该断层形成的破碎带开凿,将大石碑碑身与山体分离(图 5-20)。该处石灰岩质地较纯,燧石结核少,同时由于断层的存在,碑身易与山体切割分离。进入大石碑与山体间的缝隙,在碑身与山体仍未完全分开的一侧,仍可见破碎的断层角砾岩及方解石结晶。狭窄缝隙两侧密密麻麻的凿痕见证了石工的智慧与汗水。

3. 碑座附近的褶皱

在大石碑断层对面古采石场的岩壁上,可见一组由一个向斜和一个背斜组成的褶皱(图 5-21),其中右侧的向斜要素最为清楚,轴面陡立,核心清晰,两翼岩层大致对称,呈弧形弯曲,从形态上可归类为圆弧形褶皱,枢纽倾伏情况从断面处不易判断。

4. 岩溶地貌、燧石结核及化石

阳山的岩层出露主要以栖霞组灰岩为主,年代属二叠纪早期,为浅海相硅质碳酸盐岩沉积,以灰色块状或层状灰岩为主,含不规则的燧石结核和珊瑚化石。石灰岩在雨水

图 5‑20　碑身及其附近的断层（碑身与山体凿开处）

的长期冲刷溶蚀作用下形成了裸露型喀斯特地貌（溶沟、石芽等）。

　　燧石结核最佳观测点位于碑座附近的石灰岩平台（图 5‑22 左图）。石灰岩整体色调呈灰白色，燧石结核呈黑色，形状各异（大部分不规则，少部分近球形），大小不一（小的如鸡蛋大小，大的如脸盆大小）。除颜色外，可以利用稀盐酸对石灰岩和燧石结核进行区分。由于化学成分稳定，稀盐酸滴到燧石结核上时不会发生反应。但需要注意的是，部分燧石结核内部存在裂隙，已被方解石填充，因此可能形成线状的反应线。

图 5‑21　大石碑断层对面的褶皱

5. 其他

在阳山东侧的废弃采石坑,岩层出露充分,可见倾斜岩层、节理和断层。断层中沿断盘向中间生长有柱状方解石晶簇,考察过程中还偶见散落在杂草丛中的方解石石花(向心分布的板状结晶,图5-22右图)。

图5-22　阳山石灰岩中的硅质结核体和方解石石花

二、江宁方山

江宁方山位于南京市江宁区中部江宁科学园内,海拔209米,整座山体呈圆锥状,山顶平坦如削,故名方山。又因其顶平如印,犹如一枚玉印从天而降,又被称为"天印山"。方山独特地貌之形成,源于距今约1000万年前上新世发生的两次火山喷发,火山喷发的岩浆冷却凝固而成的玄武岩成为方山主体,再经外力作用长期侵蚀,形成如今顶平如印的奇特山体。方山具有深厚的人文历史底蕴,自秦以来,留下了很多历史传说和诗词。"天印樵歌"为金陵四十八景之一。

江宁方山组地质研究程度高,地质现象典型,形成了方山组地层剖面走廊,对深入认识火成岩、火山地质地貌具有重要价值。早在1947—1948年,我国著名地质学家程裕祺先生即对方山开展了详细的地质调查。

江宁方山位于方山—小丹阳断裂上,是新近纪上新世喜马拉雅期岩浆活动的产物,属于盾火山,一个旋回、两次喷发形成了两套玄武岩,火山口及颈部充填了辉绿玢岩。经过1000万年的风化剥蚀,方山火山口上部已经消失,火山熔岩锥与火山颈裸露非常清楚(位于山体中央老石龙池一带),其火山机构具有完整性与系统性,是中国东南部,特别是苏皖浙等地新生代火山活动高峰期的最具典型性和代表性的火山机构。

江宁方山主要为玄武质火山岩构成,底部为砂砾岩(洞玄观组和赤山组)。玄武质火山岩可划分5个岩相:① 早期溢流相(下玄武岩),出露海拔在85~168米,厚度50~70米,构成陡崖的下部和更下部的缓坡。下玄武岩由多次喷发的熔岩流组成,单层厚度最厚为7米,最薄的仅20厘米。岩流单元的结构清楚。② 晚期溢流相(上玄武岩),厚度50~60米,出露海拔150~209米,构成陡崖的上部和山顶平地。③ 火山爆发相(火山集块岩),集块岩主要由紫红色浮岩块、气孔状隐晶质玄武岩块与不同比例火山灰、玄武玻璃质胶结,并含有面包状火山弹。④ 次火山岩相(玄武岩墙),在老石龙池北东250米处发育尤为良好。⑤ 火山颈相,火山口—火山通道为橄榄辉绿岩(或称橄榄粗玄岩)。

建议实习路线为方山牌坊(北入口)—龙凤合璧(灵璧石、硅质结核)—定林寺(名胜古迹,定林斜塔)—八卦泉(嶂石岩)—国防工事遗址(地下指挥所)—宝积庵遗址(太平天国忠王李秀成被捕处)—南天门—白龙凹瀑布—方山组地层剖面走廊—安琪马化石发现地—祖龙顶—火山口(岩墙)—老石龙池(火山通道)—天印宫花园(山顶观景台)—十八盘登山道(下行)—定林寺—方山牌坊(图5-23)。

沿路可见多处地质遗迹和名胜古迹,主要地质景观有灵璧石(龙凤呈祥、独具慧眼)、大型硅质结核体、硅化木、嶂石岩、方山组地层剖面、火山口遗址、火山渣、岩墙、火山通道遗址等。其他景观包括定林寺及定林斜塔、国防工事遗址、祖龙顶秦始皇挥鞭处、白龙凹瀑布等。

进入景区后,沿环山道逆时针从定林寺右拐,经八卦泉登至半山,可到达国防工事遗址。方山现今遗存的国防工事有数十处,种类包括掩体、坑道、指挥所等,大多为“九一八”事变后陆续修建。方山是南京的南大门,淞沪会战失败后,日本侵略者沿沪宁线向南京疯狂进攻。为保卫南京,国民党在南郊构建了很多坑道、地堡、碉堡等防御工事,在牛首山、方山、汤山一线,利用自然地貌构筑了面向东南向的弧线形外廓阵地。方山地区的工事尤为坚固,地下工事出入口大多位于山腰的尽头,居高临下,背靠绝壁,易守难攻。方山地下指挥所1949年后被改造为蓄水池,后因改用自来水而废弃。近年来,部分国防工事遗迹经修缮后,成为景区的一部分,其中以方山西部的指挥所遗址规模最大。从图5-24左上图所示洞口进入内部,沿幽深狭长的通道前行,可见工事内部的部分房间,两次右拐穿过深邃的工事可以从另一出口回到山路,沿仙人洞处的台阶下行至定林路,沿路还有多处国防工事遗址(图5-24)。

方山组地层剖面走廊位于方山南坡,起点为白龙凹瀑布(东经118°52′16″,北纬31°53′37″),终点为近山顶的采石坑(东经118°52′20″,北纬31°53′46″)。方山组由1974年程裕琪的“方山玄武岩”修订而来,创名地点即在江宁方山。方山组为陆相基性火山岩,总厚大于196.89米,可分上下两段,即上玄武岩和下玄武岩(图5-25、5-26)。上段为灰

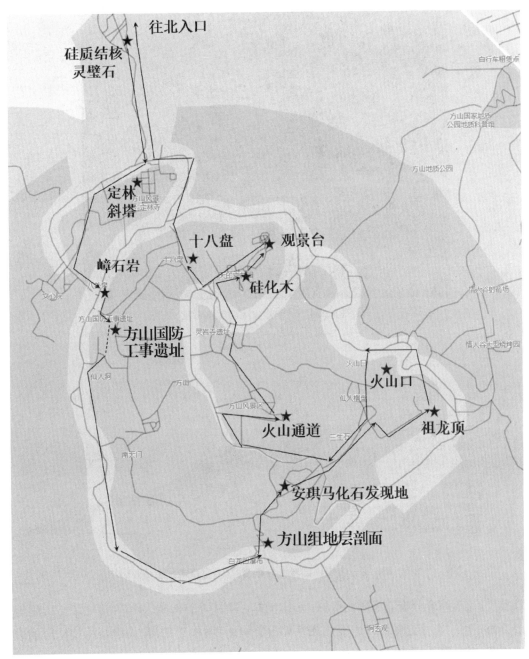

图 5‑23 江宁方山建议实习路线

黑色细粒气孔状橄榄玄武岩夹灰红、暗紫红色玄武质集块角砾岩、集块岩及沉集块凝灰角砾岩,厚度 130 米左右;下段为灰紫、灰黑色气孔状橄榄玄武岩与致密块状橄榄玄武岩互层,夹薄层似鲕状、豆状玄武岩,厚 73.16 米。上覆地层为第四系坡积物。根据剖面野

图 5‑24　江宁方山国防工事遗址

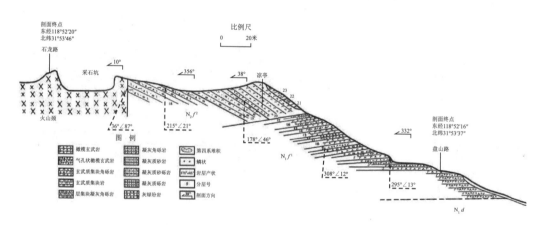

图 5‑25　江宁方山内部岩性分布情况（据南京市国土资源局）

外地质调查,综合分析前人研究资料,南京市国土资源局于 2015 年整理建立了方山组地层剖面走廊。在该走廊可以详细地观察火山集块岩、橄榄玄武岩、火山颈相辉绿岩的岩性特征,观察气孔构造、气孔杏仁构造及火山机构形成的地貌。

　　从方山组地层剖面走廊终点经安琪马化石发现地可以抵达祖龙顶(传说中的秦始皇挥鞭处)和火山口观景台。火山口附近可以见到火山喷发遗留的火山渣、浮岩等,还可以见到后期岩浆沿裂隙侵入形成的岩墙(图 5‑27)。

　　从火山口沿山路可以到达古火山口的核心位置——老石龙池。老石龙池地处火山通道位置,出露岩石为辉绿岩,池水为辉绿岩中的裂隙水,终年不涸。附近还有三生石、仙人床、仙人棋盘、石龙砥等,大多为辉绿岩火山颈的一部分。

老石龙池离山顶观景平台不远。站在观景台上,可以从南向北俯瞰江宁全景甚至南京市区。山顶公园内陈列着一块巨大的硅化木和灵璧石"独具慧眼"。

灵璧石为安徽省灵璧县特产,主要成分为海相沉积作用形成的碳酸盐岩,质地细腻,在水的溶蚀、冲蚀作用下形成复杂的纹路和纵横的沟壑,具有独特的美感。

图 5-26 方山组地层剖面走廊一段

图 5-27 方山火山口附近的岩墙

下山路线十八盘为方山北坡一条陡峭的登山步道,旁侧和沟谷中有出露良好的玄武岩层,其岩流单元结构清楚,是著名地质学家程裕祺先生在 1947—1948 年考察方山地质时曾走过的小道。程先生对方山地质的研究是我国火山研究历史上重要的一章。

方山定林寺距今已有 1500 多年历史,是金陵名刹,历史上有"南定林、北少林"之说。定林寺斜塔已有 800 余年历史,为七级八面仿木结构(楼阁式硬塔),高约 13 米,直径 3.45 米。底层和第二层内方外八角,第三层至第七层内部均为圆筒形。底层仅南面开门,其余六层均四面开门。塔身各面均用砖砌成仿木结构的柱枋、斗拱,造型美观,雕刻精细,独具一格,堪称珍品。由于地基的不均匀沉降,方山定林寺斜塔一度倾斜达 7.6°,经过 2003 年纠偏后,定林寺塔倾斜度为 5.3°,比意大利比萨斜塔(4°)和苏州虎丘塔(3.5°)倾斜度更大。

除此之外,方山还有南天门、天池、洞玄观等名胜古迹。

三、猿人洞——岩溶洞穴

南京汤山猿人洞景区位于江宁区汤泉西路以南,汤山北坡(汤山背斜的北翼),包括葫芦洞、雷公洞、驼子洞等,以及邻近地区。汤山溶洞群已探明溶洞总面积达数万平方米,洞内曲折崎岖,迂回幽深,有大量天然形成的裂隙,属于裂隙型溶洞。目前,对游人开放的有雷公洞和葫芦洞。

葫芦洞主要形成于距今约 4 亿年的奥陶纪石灰岩岩层中,是 1990 年采石工人在开山时偶然发现的岩溶洞穴,形状如平卧的葫芦,呈东西方向延伸,大部分位于厚层灰岩中。

1993 年,葫芦洞内出土了两具古人类头骨化石,令世界瞩目。据科学鉴定,南京人 1 号头骨是个 21~35 岁的壮年女性,距今 50 万年左右;南京人 2 号头骨是个壮年男性,距今 24 万年左右,处于直立人(猿人)到智人的过渡阶段。猿人洞是全球唯一同一化石点发现两个人种(人类进化大致可分四个阶段:古猿、猿人、智人、现代人)的地方。南京猿人和早期智人头骨的发现,不仅将南京地区人类史向前推进了 20 多万年,说明长江流域是中华民族的发祥地之一,同时也说明智人完全可由猿人进化而来,为现代人的多地起源说提供了强有力的证据。

汤山猿人洞景区的核心为天然溶洞景观。溶洞是可溶性岩石中因喀斯特作用所形成的地下空间,是石灰岩地区地下水长期溶蚀的结果。汤山背斜北翼的两组断层造成的断层破碎带形成的地下水通道以及洞中特殊的岩性为地下河和地下洞穴的发育提供了良好的条件。后来,随着地壳的抬升,葫芦洞从地下抬升至地表以上近百米,并被冲积物封存。洞中深处可观察到一条南北走向的正断层切割岩洞围岩,两侧岩性区别明显,靠近洞口侧为红花园组石灰岩,内侧为近水平产状的红色蚀变灰岩。洞顶有一消水洞(天窗),洞壁偶见指示古流水方向的流痕和窝穴。

在汤山地区,石灰岩是山体的主要组成部分,构造运动(褶皱和断层)和岩溶作用强烈,为钙华的形成提供了物质基础。以 $CaCO_3$ 为主要成分的钙华沉积,是碳酸盐溶液系统中多个化学反应动态平衡的综合反映。在溶洞里,由于碳酸钙的溶解和结晶沉积,形成了石钟乳、石笋、石幔、钙华等千姿百态、丰富多样的景观。在灯光的辉映下,碳酸钙结晶闪烁着晶莹的光芒,显得美轮美奂(彩插"汤山猿人洞:葫芦洞内景")。

石灰岩地层(或其他可溶盐地层)广泛分布的地区,在水流长期溶蚀作用下所形成的地表和地下形态称喀斯特地貌,又称岩溶地貌。由于石灰岩层各部分石灰质含量各异,被侵蚀的程度不同,就逐渐被溶解分割成千姿百态、陡峭秀丽的山峰和景观奇异的溶洞。图5-28为典型的喀斯特地貌奇观。

图5-28　典型的喀斯特地貌景观:天坑(左);地缝(右)
(重庆武隆天坑地缝喀斯特国家地质公园)

按照发育演化特点,一般可将喀斯特地貌分为六个阶段,分别是:

① 地表水沿石灰岩内的节理面或裂隙面等发生溶蚀,形成溶沟(或溶槽),原先成层分布的石灰岩被溶沟分开,形成石柱或石笋。

② 地表水沿灰岩裂缝向下渗流和溶蚀,形成落水洞。

③ 从落水洞下落的地下水遇到含水层后发生横向流动,形成溶洞。

④ 随地下洞穴的形成、扩大,地表发生塌陷,塌陷深度大、面积小称坍陷漏斗,深度小、面积大则称陷塘,深度大、面积也大的称为天坑。

⑤ 地下水的溶蚀与塌陷作用长期相结合的作用,形成坡立谷和天生桥。

⑥ 地面上升,原溶洞和地下河等被抬出地表形成干谷和石林。

我国喀斯特地貌分布区域较广,如广西、贵州、云南等地。喀斯特地貌的主要特征体现为溶洞、天坑、峰林等地理现象。我国最为著名的喀斯特地貌景观有桂林山水(溶洞、峰林)、重庆武隆天坑地缝喀斯特国家地质公园(天坑、天生桥、地缝)等。南京地区石灰岩地层广泛分布,喀斯特地貌较发育。典型的有汤山溶洞群、栖霞山裸露喀斯特地貌(天开岩、叠浪岩)等。

四、汤山方山国家地质公园博物馆

汤山方山国家地质公园博物馆是江苏江宁汤山方山国家地质公园的重要组成部分,立足于地质研究、科普教育和文化展览三大功能定位,旨在展示汤山古生物、古人类和地质科普三大核心资源,彰显南京悠久的人文历史。该博物馆建于 2014 年,占地面积 13.7 万平方米,建筑面积约 2.57 万平方米。汤山方山国家地质公园博物馆展陈与南京地质博物馆有所不同,主要展出南京地区的地质发现和地质资源,具有很强的地域特色。

该博物馆主要由四大展区组成,分别是地层天书、洞天福地、人类密码和文明之基。此外,还有 360°极限飞球之飞越金陵的体验项目。

1. 地层天书

地层天书展厅由“生命长河”“大地史书”“沧海桑田”“岩石记忆”“地质摇篮”五个单元组成,清晰地记录了 6 亿年来南京地区地质环境变化和生物进化的历程,是一部微缩的大地史书。

2. 洞天福地

汤山溶洞年代久远,内涵丰富,被称为“古气候天书”。洞天福地展厅展示了汤山溶洞群及百万年来的环境变迁、动物进化史。远古汤山的古海洋环境中形成了多层碳酸盐岩层,在大量地下水的作用下形成了许多与史前人类密切相关的溶洞。汤山目前已探明的溶洞群有 20 多个,多形成于距今 4 亿~5 亿年前。其中最特别的就是葫芦洞。葫芦洞内发现的南京猿人头骨化石及大量的古生物化石清晰地记录了丰富的古环境特征。

3. 人类密码

人类密码展厅讲述的是南京猿人(又称“南京直立人”)的故事。1993 年汤山葫芦洞发现了两具头骨化石,即南京猿人 1 号头骨化石和南京猿人 2 号头骨化石。两具头骨化石在同一地点被发现属全球罕见,具有重大的科学意义。南京猿人的发现,对于研究中国古人类分布演化、中更新世人类生存环境,特别是长江中下游的环境,具有高度的历史和科学价值。“南京人化石地点”于 2006 年被列入全国重点文物保护单位。

4. 文明之基

文明之基展厅讲述的是汤山温泉的温泉文化和开发利用价值。早在南朝时期,汤山温泉就被封为御用温泉,获“圣汤”美名。1500 多年来,温泉滋养着这块土地,无数文人墨客、达官显贵在汤山留下了足迹。如今的汤山是“世界著名温泉小镇”和南京首批“国家级旅游度假区"。

温泉的形成与地质结构、岩石类型和地貌等因素有直接关系,最关键的是必须具备三个条件:热源、蓄水结构和静压差(图5-29)。正常的地温梯度无法产生温泉,必须存在地热异常。丰富的地下水是形成温泉的另一个关键因素,除少部分地下水来自岩浆以外,大部分地下水是由雨水或径流下渗形成的,而多孔或破碎的岩层作为蓄水层形成持水构造。地下水受热之后升温或形成水蒸气,在盖层的封闭下形成高压,在裂隙处涌出,形成温泉。

汤山地区地下深处由于岩浆活动,地热梯度显著高于平均值,同时具有丰富的地下水资源,属于热水型地热资源。分布在热储区上部的砂页岩、泥质岩透水性差、裂隙不发育,很好地保护了地热资源。

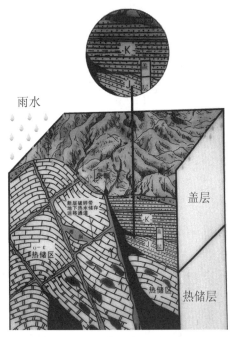

图5-29 温泉形成机制示意图

五、其他地点和路线

1. 层型剖面

(1) 汤山镇棒槌山东北侧晚二叠世大隆组-早三叠世青龙组地层剖面

剖面起点位于棒槌山西南角、原中国水泥厂矿山车间(已拆迁)东北侧,剖面方向约298°,沿原中国水泥厂围墙外围展布(图5-30)。该剖面是各时期地质工作者考察和实习的重要剖面,主要为人工露头,地层出露良好,仅下部地层受植被、残坡积物覆盖影响较严重,地层总体岩性特征明显,出露的地层界线较清晰。剖面总长217米,分属3个地层单元:第四系、晚二叠世大隆组、早三叠世青龙组。剖面共分32个岩性层,其中,0层为第四系覆盖;1层为大隆组,覆盖严重,仅出露上部地层,未见底;2至31层为青龙组,未见顶。地层总体倾向北北西(341°~348°),各组段接触关系清晰,没有明显的构造运动或不整合界线。

(2) 石门坎水库晚奥陶—早志留世高家边组—晚泥盆—早石炭世五通组地层剖面

该地层剖面保护区在阳山附近,位于石门坎水库西侧,岩层出露为晚奥陶-早志留世高家边组和晚泥盆-早石炭世五通组,岩性为灰黑、灰黄粉砂质页岩。剖面起点位于沪宁高速北侧,剖面走向北北东约18°,沿石门埝水库至黄龙山采石场废弃小路展布,剖面露头较好,地层岩性特征明显,产状略有倒转,出露的地层界线较清晰,没有明显的构造运动或不整合界线。

图5-30　汤山镇棒槌山地层剖面

（3）紫金山北麓中生代地层剖面

紫金山是宁镇山脉西段的中支,东西长约7千米,南北宽约3千米,主峰北高峰海拔约449米,称为头陀岭;东侧的小茅山为第二峰,海拔约350米,南坡建有中山陵;西侧的天堡峰为第三峰,海拔约250米,建有紫金山天文台。紫金山古称金陵山,汉代称"钟山",因山坡出露的紫色岩石,在阳光下闪耀金色光芒,东晋时改称紫金山。

紫金山的地层主要为三叠纪和侏罗纪的中生代地层以及少量的白垩纪地层。受印支运动的影响,宁镇山脉所处的下扬子海在中三叠纪发生海退,晚三叠纪后、早侏罗纪前的南象运动使地层褶皱隆起,形成宁镇山脉的雏形。

整体上,紫金山为单斜构造(图5-31),山体主要由砂岩、砂砾岩构成,剖面比较完整。北麓包括头陀岭、天堡峰在内出露的岩层属于较古老的三叠系紫红色砂岩、粉砂岩、页岩等,南麓包括中山陵、明孝陵、灵谷寺等出露侏罗系象山群石英砂岩、砾岩,两者为平行不整合接触。沿紫金山东侧小茅山北麓东马腰至中马腰段,岩层出露较好,可以直观地观察到紫金山的岩层岩性及倾斜产状,同时可以见到球状风化、重力崩塌等地质作用遗迹。由于紫金山北麓坡度较陡,观察时应时刻保持警惕,防止落石等地质灾害。

紫金山地区交通方便,风景优美,单斜构造形成的地貌具有特殊性,且各种碎屑岩、褶曲、断层、节理等典型地质遗迹出露较多,是一个良好的实习地点。

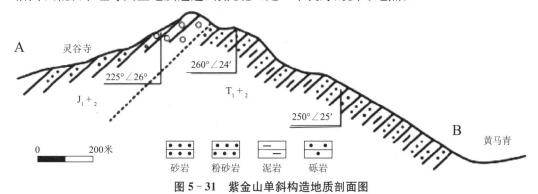

图5-31 紫金山单斜构造地质剖面图

2. 佘村水库西侧矿渣堆场

在佘村水库西侧黄龙山东麓有一处弃废矿渣堆场,由于堆积坡度高陡,沉积物尚未完全胶结,因此在丰富降水的作用下,切沟、冲沟强烈发育。切沟横剖面呈"V"字形,沟缘明显,沟底纵坡与沟身所在坡面大致平行。有的切沟已经发育成冲沟,宽度和深度加大,纵剖面近似呈弧形,上陡下缓,接受多条切沟的径流供给。溯源侵蚀作用使切沟或冲沟一直延伸至弃土堆顶部平台边缘,从空中俯瞰,道道沟壑相连,片片"山脉"相接,雄峻苍凉,与周围的青山绿水对比强烈,形成了令人叹为观止的独特雅丹地貌景观(彩插"佘村雅丹:矿渣堆场的坡流冲蚀地貌")。

雅丹,维语中为"陡峻的土丘"之意,现主要指干燥地区河湖相沉积物经风蚀或间歇性流水冲刷形成的与盛行风平行、相间排列的垄脊和沟槽。雅丹地貌的形成需要具备较苛刻的条件。首先,岩性要相对一致,构造简单,但有便于下切的节理发育;其次,要具有合适的地质营力条件,如风蚀、水蚀、重力崩塌等;最后,还要具备保存雅丹地貌的环境条件。现发现的绝大多数雅丹地貌分布在极端干旱区,在南方多雨地区极为罕见。

该处堆场顶部平台上有一微缩河流模型,在10余米的区域内再现了典型河流发育的过程,分水岭、浅凹地、深凹地、浅沟、侧蚀、下蚀、溯源侵蚀、"V"字河谷、搬运和堆积等地质现象和地质作用均可从此地管中窥豹(图5-32)。

图 5-32　矿渣堆顶部的微型河流地貌

3. 汤山矿坑公园

汤山矿坑公园位于江宁区汤山街道美泉路与泉都大街交界处西 200 米的汤山山体南麓,曾是江宁汤山最大废弃矿坑龙泉采石场留下的四个采石宕口,通过湿地、草甸等景观元素对其进行生态系统、景观风貌恢复,形成了"以山为幕"的特色矿坑体验公园,是南京"城市双修"的成功案例。公园内每个矿坑均有不同的定位,集科普教育、休闲度假为一身,将满目疮痍的城市伤疤转化为风景如画的郊野公园。公园的岩石出露面上可观察节理、岩脉、方解石结晶等多种地质结构和现象。

第四节　燕子矶—幕府山风光带

幕府山横贯南京市鼓楼区北端和栖霞区西端,是一座位于长江南岸的丘陵山脉,西起上元门,东至燕子矶,长约5.5千米,宽约800米,主峰劳山海拔190米。相传晋元帝司马睿过江,王导设幕府(参谋部)于此,故得名。幕府山也名莫府山,又因山多石(石灰岩、白云岩),古称石灰山、白石山。古有此名,流传至今。

幕府山山峦延绵起伏,万里长江从山下滚滚东流,奔腾不息,共同构成了古南京城的北部屏障。登临幕府,远望江天一色,蔚为壮观。古金陵四十八景中,幕府山地区便有幕府登高、达摩古洞、永济江流、化龙丽地、嘉善闻经、燕矶夕照六景。金陵、白下等古地名均源于此。

自古以来,幕府山燕子矶附近不但是大江南北的重要交通渡口,也是古金陵防御江北的战略屏障和军事要道。幕府山享有江山共景、六朝祥土的美誉,因此这里留下了大量名人足迹、历史景观和民间传说(图5-33)。

图5-33　雨后的幕府山风光

一、区域地质概况

幕府山地区位于宁镇山脉的西端北翼、南京市主城区北部临江一带、南京长江大桥和南京长江二桥之间,是研究宁镇山脉地区地层和地质构造最早也是最重要的地区之一。

南京燕幕风光带主要出露古生界奥陶系-新生界第四系等地层,北侧沿江一带还出露了震旦系灯影组白云岩。由于幕府山地区构造十分复杂,走向逆断层发育,各地层之间多为断层接触,而且断层倾向与地层倾向相反,推测断层倾角上陡下缓,造成地层缺失和出露不完整(图 5 - 34)。

幕府山沿江主要由白云岩和灰质白云岩构成,20 世纪 50 年代设置了白云石矿,挖矿活动持续近 50 年(1998 年南京市政府正式成立幕府山地区保护与开发领导小组,才决定全面停止开山采石),形成了现有的大面积岩层出露,为各类地质现象、地质构造的认识实习提供了良好的条件。

幕府山主要实习路段可以分为幕府山沿江崖壁(达摩古洞景区、三台洞及其附近区域)、幕府山山顶(劳山顶峰、幕府山山顶观江平台)和燕子矶三个单元。

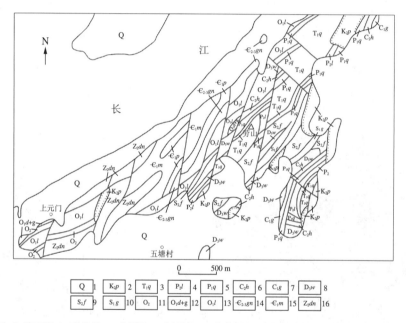

1. 第四系;2. 浦口组;3. 青龙组;4. 龙潭组;5. 栖霞组;6. 黄龙组;7. 高骊山组;8. 五通组;9. 坟头组;10. 高家边组;11. 大田坝组宝塔组;12. 大湾组牯牛潭组;13. 仑山组;14. 观音台组;15. 幕府山组;16. 灯影组

图 5 - 34　幕府山地区区域地质简图(据李甜等)

幕府山实习区可从五马渡广场开始,沿山体向东北方向前进,经过幕府山观江平台悬崖下、达摩古洞、三台洞至燕子矶,然后从燕子矶折回,沿幕府山北门登山道登至劳山主峰(南京市坐标原点),下劳山后经步行道行至劳山西侧矿坑观察劳山向斜,而后经无名村落沿断层谷登上幕府山山顶观江平台,最后在幕府山南门结束实习。沿路可见大型层状岩层出露、不同尺度的断层和复合断层、差异风化、小型褶皱、中型褶皱(背斜、顺地貌)、逆地貌(背斜成谷、向斜成山)、天然溶洞等,登山远眺可见长江冲积平原(江北区域)、河流阶地、河漫滩、江心洲等。

燕子矶位于南京市主城区北郊观音门外,是岩山东北的一支,与幕府山相隔不远,步行可达。实习路线约 12 千米,需 6~7 小时。若实习时间为半天,则可只走幕府山路线,从五马渡广场起,经幕府山北门登山,至幕府山南门止。

二、达摩古洞(幕府山沿江一侧):背斜山、背斜谷、复合断层

从五马渡广场沿江而行,右手侧为采石留下的石灰岩崖壁,崖壁上岩层和断层依稀可辨,其中以幕府山山顶观江平台下方的悬崖最为明显。从下方靠近悬崖处,有一处小型复合断层,出露位置不高,方便抵近观察,露头处可以观察到三组断层,断面处岩层断裂明显,两组断层面相互切割,断层面上擦痕和反阶步较明显(彩插"断裂构造:幕府山复合断层")。

达摩古洞景区售票处西侧,沿行进方向右手侧可见一中型倾伏背斜褶皱构造(彩插"背斜成山:达摩古洞景区右侧"),褶皱要素非常清楚,两翼岩层倾向大致相同,轴面近直立,转折端为圆弧形,枢纽倾伏角度较大,出露面与岩层走向和褶皱轴向均斜交,高 10 余米,是难得一见的地质景观。除此之外,入口处还可见更高大的倾斜岩层构成的山体(单斜构造),岩层走向北北东,倾向南南西,倾角较大,岩体在达摩古洞景区入口处被切断,断面可见层层叠叠厚薄不一、形态各异的岩层。

达摩古洞入口处为一峡谷,右侧山体为单斜构造,左侧山体岩层走向与右侧基本一致,但倾向相反。从左右两侧的山体岩层岩性和产状推测,应为背斜被侵蚀形成的谷地,为逆地貌(图 5-35)。根据地质简图推测,沿此谷地存在一条北北东走向的断裂构造断裂,但由于植被覆盖和外力风化侵蚀,无法直接观察到。

达摩古洞是一个天然石洞,位于山腰处的陡崖之上,洞口朝向长江江面,可俯览长江美景。达摩洞呈穹隆状,洞壁四周有几处嵌放碑刻的碑槽和佛龛。洞身的岩石主要由碳酸盐岩构成,多呈灰黄色,部分呈黑色。洞顶有流水痕迹,凸脊和凹坑似由盐风化形成。

达摩古洞至百变达摩之间有一段岩石峡谷,峡谷两侧岩性多变,小型构造丰富,内有差异风化、背斜等典型地质现象。

三台洞是岩山十二洞之中规模较大的岩洞,位于达摩古洞景区东北侧的沿江悬崖之下,洞分上、中、下三层,洞身为泥灰岩,下洞顶部有两个并列的洞口,似天窗,中、上洞处分别建有玉泉阁和望江楼,形势险要。

三、幕府登高:向斜成山

幕府山区域有两处制高点,分别是劳山观景平台和幕府山观江平台。

图 5 - 35 达摩古洞景区入口处推测的逆地貌(背斜成谷)

劳山为幕府山的主峰,海拔 190 米,位于幕府山中部,其峰顶修建有观景平台。山虽不甚高,视野却极佳。往北望,浩浩长江尽收眼底;向南眺,巍巍钟山近在眼前。位于劳山顶峰观景平台的南京市平面坐标原点(南京市平面坐标的起算点)是一等三角点和天文大地观测点,于 1930 年由国民政府陆军测量局建立,在南京国民经济建设、科学研究和国防建设等领域发挥了重要作用。

劳山为向斜经过侵蚀后形成的典型逆地貌。劳山向斜是一个以三叠系青龙组为核部、两翼分别出露古生界地层、向斜核部成山的北东向向斜构造。劳山地区地层产状基本呈北东—南西向延伸,劳山向斜两翼依次出露的不同地层之间均为断层接触,并且为走向逆断层,劳山东南坡二叠系-三叠系之间出露断层的产状为 138°∠42°,造成地层缺失,因此劳山地区出露的地层残缺不全,而且厚度均比宁镇山脉地区相对应的地层厚度小。

劳山向斜的核部地层是青龙组的中厚—薄层灰岩,夹多层瘤状灰岩,呈北东走向。劳山是典型的向斜山,向斜的核部位置在劳山顶峰附近。图 5 - 36 为切过劳山顶部的北西—南东走向的构造剖面,该地质构造剖面的南东侧起点坐标为 N32°07′28″,E118°47′53″,高程为 62 米;终点坐标为 N32°07′25″,E118°47′16″,高程为 106 米。从图中可以清楚地观察到劳山向斜的形态。

劳山山脊东北、西南两侧均遗留有采石宕口,采石宕口将劳山山脊切断,岩层裸露,可供观察岩层产状,其中以西南侧的采石宕口岩层出露更好。从西南侧采石宕口向北东方向,出露的岩层依稀可辨。在登顶劳山的台阶道休息平台处亦有岩层出露,明显可见岩层的倾向与劳山南坡的坡向相反。

沿幕府山观江平台小路向北东方向行进百余米,沿采矿遗留的巨大宕口可以从远处观察组成幕府山山体的岩层的产状。从出露岩层可以看到,幕府山临江侧岩层倾向北西,而山顶附近岩层倾向南东,两者倾向相反,该处应为幕府山背斜(图5-37)。

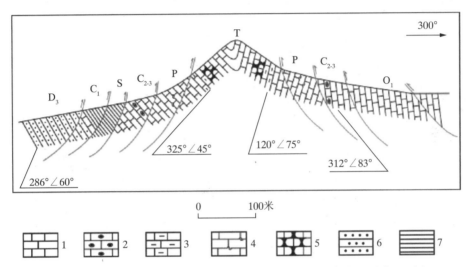

1. 石灰岩;2. 核形石灰岩;3. 泥灰岩;4. 含燧石结核灰岩;5. 瘤状灰岩;6. 砂岩;7. 页岩

图 5-36　劳山向斜构造剖面图(据李甜等)

四、永济江流:河流地貌

永济江流是著名的金陵四十八景之一,遗址位于幕府山与长江之间的永济大道中部。传说清朝乾隆皇帝曾来此找寻生父,并留下数处御题石碑,在依悬崖峭壁而筑的寺庙内俯视壮阔的长江,豪情顿生,定名"永济江流"。随着永济寺被毁,这一胜景不复存在。

地表流水是陆上塑造地貌最重要的外动力之一。水在流动过程中不仅会侵蚀地面,造就各种侵蚀地貌,而且能搬运侵蚀的物质使之堆积,并形成多样的堆积地貌。

滚滚长江千万年的地质作用,在幕府山一带留下了非常明显的印记。登上幕府山观江平台凭栏远眺,江北长江冲积平原(河流阶地)、河漫滩、江心洲等可尽收眼底,是观测河流地貌的绝佳地点(彩插"永济江流:幕府山观江平台北望长江")。

长江北岸平原主要由长江径流搬运而来的沉积物堆积而成,属于堆积阶地。长江北

图5-37　幕府山山顶观景台北东方向岩层产状示意图

岸(六合区)及稍下游的仪征地区曾经是古长江河道,产出的雨花石(中新统雨花台组砾石地层)是南京的名特产之一。八卦洲为典型的江心洲,它是由心滩不断增大淤高而成,西北略高,主要由河漫滩相和河床相沉积组成。八卦洲洲头北西方向的夹江的北岸和八卦洲北侧(夹江南岸)为凸岸,发育有较大面积的河漫滩,仍处于不断淤积之中。

五、燕矶夕照:断层崖、单斜构造、丹霞地貌和流水侵蚀

燕子矶作为长江三大名矶之首,有着"万里长江第一矶"的称号,位于南京市主城区北郊观音门外,是岩山东北的一支。燕子矶地势十分险要,山石直立江上,形似燕子展翅欲飞,故名燕子矶。进燕子矶公园大门,沿着青石台阶拾级而上可直达御碑亭,高达4米的巨大石碑上,正面刻有乾隆帝所书"燕子矶"三个大字,背面及两侧刻有乾隆所作诗词。登临燕子矶头,脚下惊涛拍岸,江中船行如梭,令人豪气顿生。清乾隆下江南时,多次在此泊舟。

燕子矶山体出露地层主要由寒武系碳酸盐岩、白垩系浦口组砂、砾岩和第四系陆相

沉积组成,砂砾岩胶结物为铁质,质地坚硬,粒径大小不一,稍具棱角,分选性一般。山体岩层倾斜,倾向较陡且背向长江,是幕府山复式背斜的一部分,北侧为北东向的长江大断裂。矶的形成是岩石性质、断裂构造和流水冲刷共同作用的结果。

　　燕子矶是南京地区唯一的一段岩石江岸,临江峭壁是断层崖经长江水长期冲蚀形成临江的袖珍型赤壁丹崖地貌(彩插"长江第一矶:幕府山—焦山沿江断裂断层崖")。除燕子矶临江一面外,公园内还有一小型单斜构造岩层出露良好,层面清楚,可供练习测量岩层产状要素(图 5 - 38)。

图 5 - 38　燕子矶公园内小型单斜构造

　　在燕子矶临近的岩山山体有十二洞,为江水或地下水冲蚀、溶蚀而成,大多位于悬崖绝壁(大部分位于燕子矶公园外)。其中最著名的一处是位于幕府山北出口南侧的三台洞,三台洞不同洞穴明显的落差反映了长江的下蚀作用引起的江面水位变化。在燕子矶区域可见河流地质作用中的冲蚀、溶蚀,或侧蚀。河流的下蚀和溯源侵蚀一般发生在河流上游和发育早期,在南京地区难得一见。在佘村附近的矿渣堆场可以观察河流的发育过程及河流地质作用,具体内容见上一节。

第五节　栖霞山及周边地区

南京栖霞山位于有"中国地学摇篮"之称的宁镇山脉地区西段北翼,区内地层保存完整,构造背景复杂,不仅蕴藏宁镇山脉地区最大的铅锌银多金属矿床,且地质遗迹类型多样、数量众多,被称为"天然地质博物馆"和"地学教科书"。同时,栖霞山自然景观秀丽,被誉为"金陵第一明秀山",素有"六朝胜迹"之称,以"栖霞红叶"闻名,同时有"一座栖霞山,半部金陵史"的美誉,既得山水之胜,又富人文情怀,自明代以来就有"春牛首、秋栖霞"之说,是四大赏枫胜地之一。

一、地质背景

栖霞山古称摄山,位于南京市栖霞区中部,每临深秋,丹枫似火,灿若凝霞,故名栖霞,景区总面积约 86000 平方米,由三山两涧组成,自主峰以降,形如雨伞,亦名伞山。栖霞山北临长江,共有三峰,主峰(中峰,实际在最东侧)凤翔峰(又称三茅峰)呈圆锥形,海拔 286 米。凤翔峰绵延向西南,一脉逶迤而下者,名龙山;栖霞古寺后方石窟造像所依千佛岭为中峰;中峰西北侧状若伏虎的山梁为虎山;千佛岭与龙山之间的山谷称中峰涧,千佛岭与虎山之间的山谷称桃花涧;龙山与虎山好似中峰伸出的两臂,环抱中间低矮的千佛岭和山门处的栖霞寺。

栖霞山属宁镇山脉西段北支,为构造剥蚀低山丘陵区,区内有古生代石灰岩、砂页岩和中生代火山岩、火山碎屑岩分布,山体北麓有带状花岗岩分布,在山坡和沟谷中有第四系松散堆积(图 5-39)。出露地层由老到新为志留纪茅山组,泥盆纪观山组,泥盆纪-石炭纪擂鼓台组,石炭纪老虎洞组、黄龙组,石炭纪-二叠纪船山组,二叠纪栖霞组、孤峰组、龙潭组、大隆组,三叠纪青龙组,侏罗纪钟山组、北象山组,白垩纪西横山组和龙王山组,第四系主要为冲积或洪积物。

栖霞山的地学内涵极为丰富,古生物化石众多,是栖霞灰岩、南象运动等很多地学名词的命名地。

栖霞山区域地史演化大致经历了 4 个阶段。第一阶段为前震旦纪,形成区域稳定基底。第二阶段为志留纪-三叠纪,形成一套海相、陆相及海陆过渡相碳酸盐岩和碎屑岩地层,受印支运动挤压影响,褶皱和断裂活动强烈,地层产状较陡或倒转,形成一系列近东西向平行的复式褶皱,晚三叠纪"南象运动"后,该区上升为陆地,结束海相沉积历史。第三阶段为侏罗纪-古近纪,由陆源碎屑岩及火山碎屑岩组成,地层产状较平缓,与下部地层呈不整合接触。该阶段燕山期构造活跃,以近南北向挤压下的断裂-断块活动为主,继承并改造原有的构造样式,形成断陷和隆起的基本格局。第四阶段为新近纪-第四纪,主要为松散层堆积,表现为强烈的断块差异升降运动,继承并发展原有的盆山格局,形成了现今的丘陵地貌。

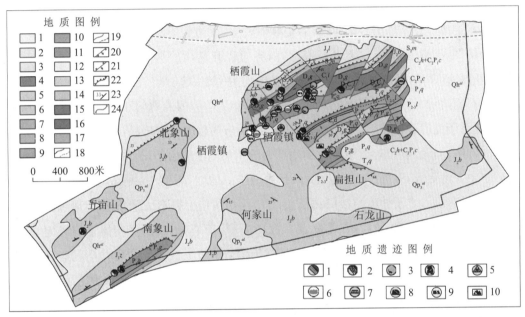

地质图例:1.全新统冲积物;2.上更新统冲积物;3.白垩纪龙王山组;4.白垩纪西横山组;5.侏罗纪北象山组;6.侏罗纪钟山组;7.三叠纪青龙组;8.二叠纪大隆组;9.二叠纪龙潭组;10.二叠纪孤峰组;11.二叠纪栖霞组;12.石炭纪-二叠纪船山组;13.石炭纪黄龙组;14.石炭纪老虎洞组;15.泥盆纪-石炭纪擂鼓台组;16.泥盆纪观山组;17.志留纪茅山组;18.实测及推测整合界线;19.实测及推测断层;20.正断层;21.逆断层;22.角度不整合界线;23.产状;24.实测剖面位置

地质遗迹图例:1.层型剖面;2.断裂、不整合界面;3.古动物化石;4.典型矿物岩石;5.碳酸盐岩地貌;6.湖泊水体;7.采矿遗址;8.滑坡遗迹;9.地面沉降与地裂遗迹;10.其他地质景观

图5-39 南京栖霞山地区地质图及主要地质遗迹分布(据许应石等)

二、人文历史景观区——栖霞寺

栖霞寺位于南京市栖霞区栖霞山中峰西侧两涧(桃花涧和中峰涧)入口处,又称栖霞古寺,始建于南齐永明二年(484年),迄今已有1500多年的历史,是中国四大名刹之一,佛教"三论宗"的祖庭,在中国佛教史上具有重要地位。

栖霞寺舍利塔为南唐遗物,是长江以南最古老的石塔之一,也是中国最大的舍利塔,建于隋代,南唐时重建,是栖霞寺内最有价值的古建筑。石塔八角五级,高约15米。基座围以勾线造石栏杆,为近代发掘五代原物复原。基座地面雕刻海水及龙凤鱼虾等图形,现仅残存一部分。塔身下须弥座各面浮雕释迦八相。第一层塔身特别高,正面及背面均雕刻版门,东北及西南为文殊(已毁)及普贤菩萨像,其余四面为天王像,其上为密檐五级,刻有小佛龛。塔顶原为金属刹,有铁链引向脊端重兽背铁环,后世改用数层石雕莲花叠成的宝顶。宝塔图像形象生动,雕刻十分精致,构图颇富国画风格,为中国五代时期佛教艺术的杰作。宝塔历经千年风雨,仍巍然屹立,成为金陵佛气极盛的历史见证。

大佛阁,又称三圣殿,供无量寿佛,为南齐时代开凿,位于舍利塔东。佛像身高10.8米,连座高13.3米,观音菩萨、大势至菩萨左右立侍,均高11米。佛像的衣褶风格颇似大同云冈石窟之佛。大佛阁前立的两尊石佛原为舍利塔旁的两尊接引佛,高3米多,秀美典雅,与洛阳龙门石佛相似,亦为中国佛教艺术黄金时代的绝世珍品。

大佛阁后,舍利塔东,无量殿后山崖即是千佛岩(图5-40),佛龛在侏罗系中下统象山砂岩中开凿而成,有"江南云岗"之称,是中国唯一的南朝石窟。据《栖霞寺碑》载,南朝齐代明僧绍死后,其子仲璋与沙门法度首先在西峰两壁上镌造无量寿佛及观音菩萨、大势至菩萨。相传佛像雕成后,在佛龛顶上放出光彩,于是齐、梁的贵族仕子闻风而动,各依山岩的高下深广,在石壁上凿雕佛像,号称千佛岩。以后唐宋元明各代均续有开凿,共计佛像700余尊。千佛岩位于南方,与云冈石窟遥遥相对,是中国古代雕刻艺术的杰作。

图5-40 千佛岩

栖霞寺门前左侧立有南京地区唯一一块保存完好的唐碑——明征君碑(图5-41)。明征君碑于唐上元三年(676年)由高宗李治诏立。南朝舍宅创栖霞寺的隐士明僧绍五世孙明崇俨(唐高宗宠臣)为纪念先祖,向李治求取"御碑",立于栖霞寺山门前。明僧绍因朝廷多次征召不赴,世称"征君"。碑高2.74米,宽1.31米,厚0.36米;碑首为六龙拱额,上篆"明征君碑"四字,由唐朝书法家王知敬书写;碑身两侧为狮首绶带西番莲纹饰;碑文由唐高宗李治起草,书法家高正臣行书题写,通篇2376字,为四六韵文。该碑记述明僧绍生平,以及齐梁两代在栖霞山兴寺凿像等史事。碑阴刻有"栖霞"两字,相传系李治御书。碑质有豆粒状白色斑纹,为2.8亿年前浅海中的动物海百合茎化石和中国孔珊瑚化石。碑下龟趺头有球斯瓦格蜓化石,用2.9亿年前的上石炭统船山组灰岩雕刻而成。

图5-41　明征君碑

三、典型地貌景观

栖霞山风景秀丽,尤以岩溶地貌和砂岩地貌最为典型。

1. 岩溶地貌

栖霞山石灰岩分布广泛,岩溶地貌景观众多,声名远播者有天开岩和叠浪岩。

沿千佛岩北侧公路上行,离桃花涧百余米便到天开岩。《同治上江两县志》载:"峰之迤西,矗石凌空,为天开岩。两岩削立,其直如截。阔可三尺,为磴数十,磴尽为台,所谓唐公岩也(即天开岩)。"明人王随有《天开岩》诗记之:"栖霞山后峰,天开一岩秀。中有坐禅人,形容竹柏瘦。饥餐岩下松,渴饮岩下溜。爰步岩室前,白云起孤岫。"天开岩上下留有唐宋以来名人诗句题刻20余处,有"醒石""迎贤石""天开岩""碧藓亭"等。

一线天在天开岩西南,山石嶙峋,参差夹立。传说在一次雷电交加的风雨之夜,随雷声巨响,电光闪处,岩石忽然自开,故名"天开岩",裂缝处则成为"一线天"。该处地貌"石芽"林立,怪石嶙峋,按出露条件,属裸露型喀斯特,是岩溶地貌发育的初级阶段,兼具文化价值、美学价值和科学价值。

除岩溶发育外,该处还可见到断层(一线天)、生物风化等地质现象。

天开岩地段看似普通的岩石,用硬物轻轻敲击,隐隐约约会闻到一股臭鸡蛋气味。原来,处于栖霞组中层的"臭灰岩"是一种深灰色至灰黑色细晶灰岩,内部富含沥青质和生物碎屑,敲击时,会向空气中散发一种臭臭的气味。

叠浪岩位于虎山的南坡,是石灰岩经流水溶蚀形成的溶沟与石芽交错而成,石浪起伏,蔚为奇观,历来被认为是栖霞山美景之一。

早在明代,叠浪岩就成为文人骚客题咏的对象。明南京刑部尚书王世贞在《游摄山栖霞寺记》中记载:"其西则叠浪岩,直下乱石,错之若海波万沸,汹涌灏漾,熟视之,审其名之称也。"清初诗人王士祯在其所著《游摄山记》中称:"奇石起伏,如大海潮汐,顷刻万状,知为叠浪岩。"乾隆皇帝五次驻跸栖霞山行宫,对叠浪岩情有独钟,先后题了六首御诗,其中一首《叠浪岩》诗曰:"盈沟盈谷蘩花倾,是浪而无澎湃声。莫谓斯崖出假借,千秋何物定其名。"民国陈邦贤《栖霞新志》载:"叠浪岩在西峰之侧,桃花涧中。涧水自岩上泻下,叠浪层层,岩山受水的侵蚀,也露出许多的浪迹来。"

形成叠浪岩"伏石万叠,状如波澜"的原因,主要是以碳酸钙成分为主的石灰岩被水流侵蚀,久而久之,滴水穿石,其层面出现溶沟,凹穴、沟穴的接界处突起成脊,形成"石芽"。当石芽与溶沟交错在一起时,便显现出凹凸不平、状若波浪的"水面"。

除天开岩、叠浪岩之外,栖霞山内还有烧烤园(地表钟乳石、一线天)、德云亭(旁侧为断层谷)、桃花扇亭(峡谷、岩洞)、枫林湖(岩溶竖井)、青锋剑(硅质结核)等多处岩溶地貌或石灰岩景观。

2. 砂岩地貌

砂岩地貌因砂岩的矿物成分、硬度和胶结程度的不同,发育的地貌也不相同,主要子类有丹霞地貌(广东丹霞山、福建武夷山、江西龙虎山等)、砂岩峰林地貌(湖南张家界)和嶂石岩地貌(河北赞皇嶂石岩国家地质公园)。

南京地区典型的砂岩地貌并不多见,栖霞山区域主要遗迹点有纱帽峰、千佛岩、两断山等,主要表现为悬壁陡崖、浑圆的峰顶及线条流畅的岩石,具备丹霞地貌的部分属性。栖霞山的石刻多出现在此类地貌上,自然景观与历史文化相融合,具有典型性和稀有性。

纱帽峰位于栖霞山中峰脊部千佛岩之上,又名"玉冠峰"(彩插"江南云岗:栖霞山纱帽峰")。纱帽峰峰顶浑圆,山石圆润,四周佛龛密布,因其形状酷似封建时代官员的乌纱帽而得名。纱帽峰四周分布着大大小小近百个佛龛,佛龛内佛像大多遭到人为损坏或自然风化。沿纱帽峰上行的山路左侧山体的砂岩岩壁上也分布着高低错落、大大小小的数层佛龛。

组成纱帽峰的岩石为距今 1.57 亿～1.95 亿年的河床相沉积形成的中下侏罗统象山群第一岩性段的灰白色、灰黄色砾岩、含砾粗砂岩和砂岩,主要成分是石英,其次是长石和白云母碎片,胶结物以泥质、钙质为主,岩石颜色为灰白色、灰黄色,风化后呈黄褐色,局部呈暗紫色。

南京另一处典型的砂岩地貌位于石头城(彩插"赤壁丹崖:石头城公园古城墙")。石头城又称"鬼脸城",是三国东吴时期孙权在赤壁之战后,利用清凉山的天然石壁建立的军事要塞,中段赭红色砂砾岩崖壁因经古长江冲刷而凹凸不平,有如兽面,故俗称鬼脸城,是长江水道变迁和历史沧桑的实物见证。城基遗迹是距今 7000 万年到 1 亿年前的晚白垩纪浦口组地层,主要为赭红色砾岩和砂岩,砾岩内有大量大小不一的河光石,最大的有脸盆大小,崖壁最高处近 20 米,形成赤壁丹崖与青灰色古城墙完美交融的景象。凹凸不平的城墙记录了悠久的历史长河中的差异风化作用,也是一处了解各类风化作用的好去处。

四、断裂构造

栖霞山区域在距今约 2 亿年前曾发生过一次强烈的造山运动(南象运动),构造断裂较多。虽时过境迁,地形地貌发生了很大变化,但很多断裂遗迹还清晰可辨。

最知名的一处断裂构造即前文已述及的天开岩一线天(彩插"栖霞天开岩:裸露喀斯特地貌")。天开岩为石灰岩岩溶地貌,广泛分布着断裂构造,一线天名为"天开",实为断裂形成的沟谷。

另一处极为典型的断裂构造位于红叶谷东侧的一座砂岩山体,山体从中间断开,形成 10 余米高的断崖,壁立如削,指示有一北东方向的断裂从此穿过。而从桃花扇亭一直延伸至烧烤园的北西走向大断层形成的沟谷,在地貌上也极为明显,卫星地图上隐约可辨。除此之外,千佛岩山脊以及纱帽峰附近砂砾岩出露较好,也可观察到多处断层、擦痕等典型地质现象。

五、典型剖面

1. 二叠纪栖霞组层型剖面（图5-42）

该剖面位于栖霞山东南大凹采石场，走向为北西—南东，长约230米，自下向上出露船山组、栖霞组和孤峰组，其中栖霞组地层总厚约173米。栖霞组岩性自下向上分五部分：底部碎屑岩、下部臭灰岩、下硅质岩、中部灰岩和上硅质岩，底部钙质页岩或泥质灰岩与下伏船山组灰岩呈平行不整合接触。栖霞组含大量䗴类、腕足类、珊瑚类化石。

该剖面整体连续，保存完好，化石丰富，是"栖霞灰岩"定名地，以该剖面为正层型剖面的"栖霞组"，作为中国标准岩石地层单位列入《中国地层表》，成为全国地层对比标准。该剖面地质遗迹具有重要的科普价值和教学研究意义。

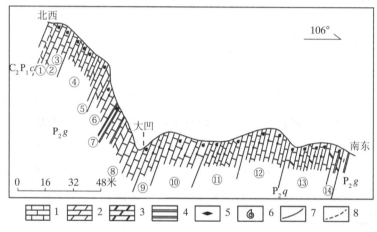

1. 石灰岩；2. 泥灰岩；3. 白云岩；4. 硅质岩或燧石岩；5. 燧石结核；6. 无脊椎动物化石；7. 整合界线；8. 平行不整合界线

① 黄褐色薄层泥灰岩、钙质泥岩夹泥质灰岩透镜体(0.4米)；② 浅灰色中厚层灰岩(2.1米)；③ 灰色块状灰岩，含少量生物化石(7.9米)；④ 灰色厚层状灰岩夹泥灰岩，含化石(22.7米)；⑤ 深灰色块状灰岩，含化石(5.5米)；⑥ 深灰色中薄—中厚层灰岩，含燧石及化石(3.6米)；⑦ 深灰、灰黑色中薄层燧石岩含化石(3.8米)；⑧ 深灰、灰黑色含硅质灰岩(7.2米)；⑨ 深灰色灰岩，含燧石结核及团块(12.3米)；⑩ 深灰、灰色厚层灰岩，含燧石结核及化石(19.7米)；⑪ 黑、灰色中厚—块状灰岩，含燧石结核及化石(21.7米)；⑫ 深灰色中、厚层灰岩，含硅质灰岩，含燧石结核及化石(20.5米)；⑬ 灰色薄—厚层灰岩与中厚层白云质灰岩、泥灰岩互层，含化石(24.3米)；⑭ 灰色薄层白云质燧石岩、燧石岩与硅质白云岩互层，含化石(6.6米)

图5-42 南京栖霞山地区栖霞组剖面图（据许应石等）

2. 角度不整合接触

在南象山西南采石场可观察到中二叠纪栖霞组与上覆早侏罗纪钟山组之间的角度不整合接触界面（图5-43）。该采石场下部为栖霞组臭灰岩层，为海相碳酸盐岩台地沉积,内部发育断层角砾岩;上部见钟山组底砾岩层,厚3~5米,以石英、燧石为主,表现出典型河床底部滞留沉积;不整合界面呈阶梯状起伏,下部地层产状较陡,上部地层产状较平缓。

该剖面是"南象运动"定名地,露头完整,界面清晰,地质现象直观。南象运动使华北板块与扬子板块碰撞拼合,形成中国大陆的雏形。本次运动之后,南京及其邻近区域由沧海演变为桑田,该处不整合接触是海陆变迁的直接证据,具有十分重要的地学意义。

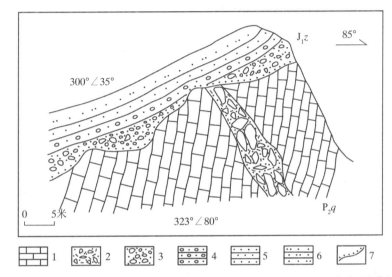

1. 石灰岩;2.断层角砾岩;3.底砾岩;4.砂砾岩;5.中细砂岩;6.粉细砂岩;7.角度不整合界线

图 5‑43　南京南象山钟山组和栖霞组角度不整合接触示意图(据许应石等)

六、古生物化石

栖霞山地区古生代化石主要产于石炭纪和二叠纪石灰岩地层中,主要有珊瑚、牙形刺、腕足类、蜓类、菊石类、放射虫及植物碎片等。野外石灰岩露头中发现保存较好的海相无脊椎动物化石。丰富的古生物化石是区域地层对比的重要依据,对研究下扬子地区生物演化、古地理、古气候演变等具有重要价值。某些完整性好、形状特殊的化石也具有极高的观赏性,比如笛管珊瑚、螺塔、海百合茎等,几乎保存了原始生活姿态。

栖霞寺门右侧立有明征君碑,碑材取自栖霞山早二叠纪栖霞组灰岩,属于沉积岩类的"海百合茎灰岩",全碑正面有海百合动物化石 20000 多个,是难得的化石标本珍品,兼具重要的历史文化价值。

在靠近景区入口的彩虹明镜景点（明镜湖）至凌云栈道入口之间的山坡沿公路上行左侧分布有一片裸露岩石，主体呈灰色，中间镶嵌有不同程度的黑褐色结核体。岩石表面有很多不同形状、大小的斑纹和隆起（图5-44），这些斑纹和隆起很多是生长在几亿年前的古生物化石，有单体动物，有复体动物，还有一些不知名的化石，其中特征最明显、数量最多的是著名的珊瑚化石。天开岩的石灰岩中也可以发现大量珊瑚化石。

图5-44　石灰岩表面的化石遗迹

在栖霞山的岩石中除了有珊瑚化石外，还有海百合茎、蜓化石，它们都是生活在2亿~3亿年前的浅水生物。这表明，栖霞山在3亿年前曾是一片海洋，这些岩石记录了亿万年来沧海桑田的变迁。遗憾的是，栖霞山含化石灰岩地层十分坚硬，难以获取标本。

挖掘化石是一件非常辛苦但激动人心的事情，需要耐心和运气。经过多次尝试，笔者终于在青龙山二叠纪地层（泥岩、板岩）中挖掘到了完整的角石和菊石的化石（图5-45）。除栖霞山、青龙山外，阳山碑材实习区也是化石多见的区域，实习过程中认真观察，必能有所发现。

七、泉与矿

1. 地下水、泉

历史上的栖霞山多泉多水，曾有珍珠泉、白乳泉、品外泉、白鹿泉、功德泉、中峰涧、桃

图 5 - 45　南京江宁青龙山二叠纪泥岩和板岩中采集的角石与菊石化石

花涧等诸多水景,在功德泉旁甚至还有小瀑布,四季清泉涓涓,成为栖霞景致的一大特色。品外泉与白乳泉、珍珠泉在明代并列为栖霞山三大名泉,跻身"金陵二十四泉"之列。

品外泉位于千佛崖附近,又名"白云泉"。据史载,唐朝"茶圣"、《茶经》作者陆羽嗜茶,喜评天下佳泉,定其次第。唯独此泉味甚佳,不为陆羽所知,后世文人墨客品味之余,殊觉遗憾,遂名之为"品外泉"。

品外泉最初源自中峰涧,涧水流至千佛崖附近时,改由地下暗槽流到无量寿佛前,汇聚成池。今日的品外泉,紧依砂岩陡壁之下,泉水源自石隙之中,但由于开矿而引走水源,平日干涸见底,枯叶积聚,无复昔日旧观,成为栖霞胜景一大憾事。为了恢复这一景致,景区在水池与旁边的岩壁中间铺就叠石,池边驳岸造景,岩石中有流水溢出,沿着叠石一直流进池中。品外泉侧为地质营力作用下发育形成的砂岩陡崖,壁上题有星云大师书"栖霞秋色"四个大字。

2. 矿产

南京栖霞山铅锌多金属矿床是江苏规模最大的有色金属矿产基地。矿床伴(共)生金银含量高。栖霞山铅锌矿位于淮阳古陆与江南古陆之间的长江中下游断裂坳陷带的宁镇断褶束西部宁镇隆起。矿区出露地层以古生界海相碳酸盐岩(栖霞灰岩)和碎屑岩(砾岩、砂岩)为主,火成岩主要为中酸性侵入岩。矿床为中低温岩浆热液型,隐伏的燕山期中酸性侵入岩为成矿地质体,泥盆系和石炭系之间的硅/钙面及其叠加的纵向断裂是重要的控矿构造。矿体的产出受层位岩性褶皱断裂控制,全区 2/3 以上的矿石量赋存在中石炭统黄龙组局限台地潟湖相白云岩和开阔台地潮下相对隆起及旁侧富造礁生物灰岩、颗粒灰岩中。

栖霞山铅锌多金属矿带呈北东东向,长条带状展布,长逾5千米,自西向东为甘家巷矿段,虎爪山矿段和平山头矿段。组成矿石的矿物主要为闪锌矿、方铅矿、黄铁矿,次为黄铜矿、黝铜矿、磁铁矿,金银矿物为螺状硫银矿、深红银矿、自然金等。矿石多为粒状结构、镶嵌结构、交代熔蚀结构等。矿石构造以角砾状、块状构造为主。矿石自然类型以角砾状矿石、块状矿石为主,次为浸染状矿石。矿石工业类型以铅锌硫矿石为主,次为单硫矿石和金银铅锌铜矿石。

八、推荐路线

根据地质遗迹和旅游资源分布特征,可将栖霞山地区划分为5个主要遗迹景观分区,分别为生物化石区、虎山岩溶地貌区、天开岩典型岩溶地貌区、千佛岩砂岩地貌区和栖霞寺人文历史区。结合栖霞山现有景点及地质遗迹,推荐两条实习路线(图5-46)。

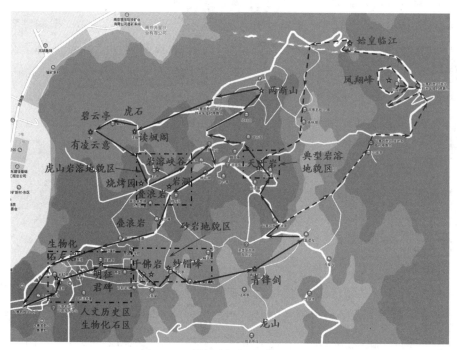

图5-46　南京栖霞山推荐实习路线

路线1(短路线):景区入口—明镜湖—明征君碑—栖霞古寺—舍利塔—千佛岩—品外泉—纱帽峰—乾隆行宫遗址—青锋剑—小营盘遗址(或从纱帽峰经千佛岩山脊至畅观亭)—了凡问道—天开岩—御花园—红叶谷—虎啸亭—读枫阁—虎山(虎石)—碧云亭—

有凌云意观景台—虎山凌云栈道上段—烧烤园—德云亭下—叠浪岩—桃花湖珍珠泉—桃花扇亭侧岩洞—叠浪岩—栖霞寺北侧道路—景区出口。

该路线行程较短,从栖霞寺人文景观区开始,主要沿中峰和龙山之间的峡谷上行,途径千佛岩、品外泉、纱帽峰等砂岩地貌区,登纱帽峰后沿青锋剑、小营盘遗址到达天开岩岩溶地貌区,后经御花园至枫叶谷后折返,沿公路向虎山而行,途经读枫阁、碧云亭后到达有凌云意观景台,后沿凌云栈道下行至烧烤园和德云亭附近的虎山岩溶地貌区,沿山腰公路东行至珍珠泉折返下山,沿路可欣赏叠浪岩。也可从烧烤园继续沿凌云栈道下段下行至栖霞寺结束考察行程。该路线中包括了人文历史、地质遗迹、自然景观(读枫阁和有凌云意观景台分别是总览栖霞山和长江揽胜的绝佳之地),且路程较短,适合半天的行程。

路线 2(长路线):与短路线相比,主要区别在于从小营盘遗址沿公路上行登凤翔峰,然后经始皇临江处和枫林湖折返天开岩岩溶地貌区,前序和后续与路线 1 相同。该路线的优点在于登上了栖霞山主峰,同时始皇临江处是阅江揽胜的好去处,但路程增加较多,需要充裕的时间和充沛的体力。

附　　录

附录 1 南京地区地质概况

宁镇山脉位于中国东部江苏省境内长江南岸,西起南京市,东至镇江市,东西长 100 余千米,山体略向北突出,呈弧形展布(图 1)。宁镇山脉属低山丘陵,地势总体上西高东低,地形切割不深,海拔一般 200～400 米,最高峰为南京东郊的紫金山(又名钟山,海拔 448 米)。长江冲积平原主要位于山脉北侧,沿长江带状分布,地形平坦,主要为一级阶地及河漫滩。秦淮河冲积平原分布于山脉南侧的鼓楼—紫金山以南地区。区内水系发育,河网纵横。

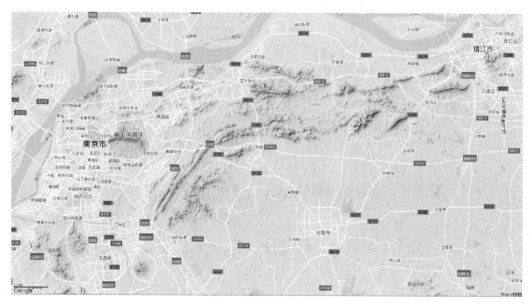

图 1 宁镇山脉地形图

宁镇山脉及其附近地区地层发育齐全,火成岩类型多,地质构造现象颇为典型,是地质考察与研究的理想场所。同时本区地质工作历史悠久,资料丰富,素有"中国地质学的摇篮"之称。

一、区域地质演化简史

南京地区位于扬子地块东北部的下扬子坳陷,西以郯庐断裂带与华北地块相分隔,东与太平洋板块相邻,西南部与大别造山带相毗邻。整个扬子地块在晋宁运动后完成基底固结,此后进入一个相对稳定的大地构造单元演化阶段。其上的沉积盖层主要由台地型碳酸盐岩和碎屑岩组成,内部构造变形和岩浆活动相对较弱。

1. 震旦纪阶段

晋宁运动之后,扬子地块从震旦纪开始发育稳定的盖层沉积。在上扬子区,震旦纪沉积记录以长江三峡地区震旦系为代表。南京所在的下扬子区,震旦纪只有晚期灯影组的白云岩、白云质灰岩和硅质岩沉积。震旦纪末,扬子区总体又抬升,形成了与寒武系之间的区域平行不整合接触关系。

2. 早古生代阶段

继震旦纪末的短暂抬升之后,扬子地块发生强烈的沉降作用,引起广泛的海侵。在早古生代早中期发育了寒武—奥陶系的海侵沉积序列,但在早寒武世晚期和奥陶纪晚期分别有过短暂的抬升,形成了相应层位的平行不整合接触,其余各组地层之间为整合接触。在早古生代晚期,受加里东运动的影响,发育了志留系的海退沉积序列。到志留纪末,加里东运动使华南加里东造山带形成,造成了晚志留世地层的普遍缺失。

3. 晚古生代至三叠纪阶段

扬子地块从晚泥盆世又一次开始大规模的海侵。这次的大海侵旋回包括了多个次级海进—海退过程,海水进退的频繁交替,导致多个层位存在的短暂沉积间断。在经历了晚志留世—中泥盆世的隆起剥蚀之后,在晚泥盆世发育了一套以石英砂岩为主的河流—滨海相碎屑岩沉积,被称为五通组。从石炭纪开始,本区发育了石炭系—二叠系以开阔台地碳酸盐岩和陆棚相碳酸盐岩—硅质岩为主的沉积建造,反映其海侵作用的规模逐渐扩大,晚二叠世晚期发育了较深水环境下的低速沉积。三叠纪基本继承了晚古生代的沉积环境。晚三叠世,扬子板块与华北板块碰撞,形成了大别—苏鲁造山带。中三叠世之后,本区全面抬升为陆地。受印支运动(南象幕)强烈的南北向挤压应力作用,还使本区前侏罗纪地层发生强烈的褶皱和断裂活动。

4. 侏罗纪—白垩纪阶段

印支运动之后,整个中国东部地区在侏罗纪—白垩纪期间的地质演化主要受控于太平洋板块向亚洲板块的俯冲活动,中国东部地区的地质构造背景变成一个新的大陆边缘活动带。造成该区沉积环境的不均匀性加强,河流湖泊相地层的层序残缺不全,地层分布范围局限,地层之间的角度不整合接触关系频繁出现,岩浆活动相对强烈。

5. 新生代阶段

新生代以来,中国东部的地壳活动主要受控于太平洋板块向西的俯冲作用,以差异升降和断裂活动为主要特点。白垩纪以后,下扬子区地壳缓慢上升,仅局部可见零星分布的第三纪双塔寺组沉积和较广的第四纪沉积。

二、地层分布情况

宁镇山脉地层属扬子地层区下扬子地层分区镇江小区,西南侧属于江宁—芜湖小区。区域内前震旦系至第四系发育比较齐全,基岩面积不足 800 平方千米。本区地层研究工作开展较早,历史悠久,为部分地层单元的命名地(汤头组、坟头组、金陵组、黄龙组、船山组、栖霞组、龙潭组等),已经建立完整的地层系统。

区域内最古老的的地层为下-中元古界卑城群,为一套具轻微混合岩化的浅变质岩,构成准地台基底。震旦系-三叠系为扬子地台的盖层,以海相沉积为主,海陆交互及陆相沉积次之,各系、组之间呈平行不整合或整合接触。侏罗系-白垩系以陆相碎屑堆积物为主,次为火山岩。新生界第三系出露零星,第四系则广布全区,以湖相、冲积相、冰缘融冻堆积为主。

震旦系发育齐全,总厚度大于 1600 米。该系零星分布于镇江以东、句容及南京幕府山等地,为台褶带中最早的盖层沉积。震旦纪早期为碎屑岩建造(轻微变质的砂岩、粉砂岩及泥岩),晚期以碳酸盐建造(灰岩、白云岩)为主。震旦纪末期,地壳隆升,地表遭受剥蚀。

寒武系仅于幕府山、仑山等一带出露,下部为炭、硅质碎屑岩(砂岩,粉砂岩),上部为碳酸盐岩(石灰岩、白云岩),总厚度近 900 米,含介壳化石。

奥陶纪本区处于浅海沉积环境,奥陶纪晚期海水加深,生物繁盛。在晚奥陶纪末期,本区上升成为陆地,遭受剥蚀。奥陶系发育齐全,主要出露于幕府山、汤山和句容仑山(主要为泥岩,灰岩)。

志留系发育齐全,广布全区,为一套浅海—海滨相碎屑岩沉积,主要由灰黑、黄绿及灰白、紫红色泥岩、粉砂岩及岩屑砂岩组成,厚度达 1880 米。早中志留系岩层含丰富的笔石及多门类介壳化石,晚期仅见稀少的介壳化石。志留纪末,受加里东运动的影响,本区全面抬升,海水全面退却。

志留纪末期抬升后,遭受了长时间剥蚀作用,致使早、中泥盆世沉积缺失,晚泥盆世海水自西南方向浸漫而来,形成了以滨海—海陆过渡相为主的碎屑岩沉积,主要有浅色石英砂岩、黏土岩及炭质页岩等。晚泥盆世末,本区抬升为陆地。

石炭系岩层发育齐全,已确立两统七组,即下统(金陵组、高骊山组、和州组、老虎洞组)、上统(丁山组、黄龙组、船山组),以砂岩、页岩和石灰岩为主。南京龙潭附近和江宁云峰山、徐家山,句容天王山、高骊山,丹徒船山等出露良好,化石丰富。

192

早二叠世栖霞期,本区在遭受短暂剥蚀后,接受初始海侵,其沉积物为富含陆源碎屑的碳酸盐岩,局部砂岩或页岩,属滨海沉积环境,之后海侵范围不断扩大,海水加深,形成富含沥青质的臭灰岩。其后海水含氧量增加,形成燧石岩或硅质岩夹石灰岩的沉积地层。栖霞期末,海水略有加深,沉积物为深灰色、灰黑色厚层含碎石灰岩。早二叠世茅口期和晚二叠世吴家坪期,海水进退频繁,形成海陆交互相沉积(煤层、砂岩)。晚二叠世长兴期为还原性浅海环境,主要岩层为黑色页岩。区内还发现有火山碎屑岩夹层,说明曾受到火山活动影响。

本区三叠系层序清楚,生物繁盛,最大厚度2186米,除与上覆侏罗系象山群为平行不整合接触外,其余各组均为整合接触,主要分布于南京东郊、句容金子山和镇江九华山。三叠世早期岩层以泥质灰岩、石灰岩和白云岩为主,中期以砂岩、粉砂岩为主(以紫金山最厚),晚期地层缺失。

本区侏罗系发育良好,分布广泛,下—中统由陆源碎屑岩夹煤层,上统由火山熔岩、火山碎屑岩及火山碎屑沉积岩组成。侏罗纪早期,受印支运动的影响,本区隆起为陆地,中晚期发生了强烈的火山活动。

白垩系分布广泛,但露头较少。下统为河湖相碎屑岩及火山岩,上统为红色碎屑沉积岩。白垩纪时期,宁镇山脉在断块构造作用下,继续上升,遭受风化剥蚀。断裂为岩浆喷发提供了通道,断陷盆地为喷发物提供了堆积场所,因此形成了分布不均的火山岩和火山碎屑沉积。

本区第三系发育不全,仅有下第三系渐新统三垛组和上第三系中新统雨花台组、方山组,为陆相(盆地及河流)碎屑沉积及火山喷发堆积。晚第三纪以来,地壳活动剧烈,多次出现玄武岩喷发。

本区第四系分布广泛,平原区厚度可达90米以上,成因多样。

三、火山活动及火成岩概况

1. 概况

岩浆活动是地质历史发展中的重要事件。宁镇山脉的火成岩基岩分布面积近650平方千米,但大部分被第四系覆盖,出露仅150平方千米,其中中酸性火山岩占75%~80%。

本区岩浆活动主要发生在燕山期,其次为喜马拉雅期。燕山期的岩浆活动具有多旋回、多阶段和多样化的特点(表1),形成了规模很大的宁镇山脉火山-侵入杂岩体,大体上呈东西向展布。

表1   宁镇山脉岩浆活动地质年表

地质年代		岩浆活动期	同位素年龄（百万年）	代表性火成岩
新生代	第三纪	喜马拉雅期	3～70	橄榄玄武岩、辉绿岩
中生代	白垩纪	燕山晚期	70～135	闪长玢岩、花岗闪长岩、花岗岩、石英安山岩、石英粗安岩
	侏罗纪	燕山早期	135～195	辉长岩、闪长岩、粗安岩
古生代	二叠纪	海西期	230～285	流纹质沉凝灰岩
元古代	前震旦纪		＞1771	变质中-基性火山岩

2. 各个时期火山及岩浆活动特点

前震旦纪岩浆活动主要为海底火山喷发,本区为海底基性火山岩,属于地槽阶段的岩浆产物。

晚古生代本区出现以凝灰岩为主的火山活动产物,火山活动形成于浅海区,属浅海火山沉积类型。

侏罗纪火山活动主要在晚侏罗世(燕山早期)。晚侏罗世的岩浆活动以喷出和侵入两种形式出现,主要发生在宁镇山脉西段,形成基性—中基性火成岩,属于钙碱性岩浆系列。侵入岩类包括橄辉岩、辉长岩、闪长岩组合。喷出岩包括安山岩、粗安岩、粗面岩。

白垩纪(燕山晚期)岩浆活动主要出现在早白垩世,以大规模的中—酸性火山活动和侵入岩为主。岩浆活动主要发生在宁镇山脉中、东段。火成岩化学成分演化的总趋势是SiO_2和K_2O+Na_2O含量增加。

晚第三纪(喜马拉雅期)岩浆活动以基性岩类为主(橄榄玄武岩类),是大陆边缘泛流式喷溢作用的产物。

3. 本区火山分布

南京地区及周边地区的火山活动在新生代喜马拉雅期进入高潮,形成了苏皖火山带(六合、仪征、明光、盱眙一带)。南京境内保留较完好的大小火山有10余处(图2),其中以江宁方山、六合方山、六合瓜埠山和六合灵岩山最为典型。这四座火山均活跃于距今约1000万年前。

四、构造运动历史及基本特征

宁镇山脉地质构造的研究历史较长。李四光等提出宁镇山脉的构架由近东西向的三个背斜、两个向斜组成,并认为本区的基本构造属于褶皱区。

图 2　南京及周边地区主要火山分布情况

南京周边地区所属的下扬子台褶带的特色是中生代以来发育强烈的中酸性岩浆活动，并以火山作用为主，构成长江下游火山活动带。中生代以来，本区地质活动主要与我国东部濒太平洋大陆边缘活动带有关。

1. 构造旋回

在盖层发育区，沉积成岩—地层发生强烈构造变动—剥蚀夷平—形成新的盖层，期间伴有岩浆活动、变质作用等各种地质作用的全过程叫作一个构造旋回。不同的构造旋回具有不同的特点，从而显示出地壳发展的阶段性。主要地壳运动期次划分见表2。

表2 宁镇山脉地壳运动期次划分简表

地质年代			构造旋回		大地构造发展阶段
代	纪	起始年代（百万年）			
新生代	第四纪	23.3	喜马拉雅旋回	晚喜马拉雅亚旋回	大陆边缘活动带阶段
	新近纪				
	古近纪	65		早喜马拉雅亚旋回	
中生代	白垩纪	205	燕山旋回	晚燕山亚旋回	
	侏罗纪			中燕山亚旋回	
				早燕山亚旋回	
晚古生代	三叠纪	250	印支—海西旋回	印支亚旋回	准地台阶段
	二叠纪			海西亚旋回	
	石炭纪				
	泥盆纪	410			
早古生代	志留纪		加里东—澄江旋回	加里东亚旋回	
	奥陶纪				
	寒武纪	543			
元古代	震旦纪	680		澄江亚旋回	
	前震旦纪		晋宁旋回		地槽阶段

2. 褶皱

本区多旋回的构造运动，形成了多期多种类型的褶皱。

基底褶皱是指发育于地槽型构造层中，主要形成于晋宁运动的褶皱。本区基底褶皱未出露。

盖层褶皱是指由震旦系—三叠系组成的准地台盖层构成的褶皱，主要形成于印支运动,部分受燕山运动的叠加改造,它们是宁镇褶皱束的主要构造成分。盖层褶皱自北而南依次为龙潭—仓头背斜、范家塘向斜、宝华山—凤巢山背斜、桦墅—亭子向斜、汤山—仑山背斜、粮山—横山背斜等。限于篇幅,仅简要介绍靠近南京的两个复式背斜。

(1) 龙潭—仓头复式背斜

该复式背斜位于本区最北部,濒临长江南岸,由幕府山、栖霞山、龙潭—铜山向斜等组成,断续出露,总体呈北东—东西—北东东向反 S 形展布,其北翼被幕府山—焦山(镇江)断裂切割。

西端幕府山复式背斜轴向为 $45°\sim60°$,长约 6 千米,宽 $1\sim2$ 千米。北西翼受断裂破坏,于沿江一带形成陡峭的断层崖,地层倾角达 $70°\sim80°$;南东翼较完整,接近核部的岩层产状呈陡立状,翼部倾角变缓。复式背斜南东翼发育多个次级背斜、向斜,与次级褶皱相伴生的逆冲断层极为发育,将复式背斜切割成条带状。各地层单元几乎全为断层接触。逆冲断层数量多,产状稳定(走向北东,倾向北西,倾角 $70°\sim85°$)。逆冲断层在平面上表现为分叉、交织,构成大的挤压破碎带,其中以劳山西侧的两条挤压破碎带最为明显。

栖霞山复式背斜残留呈断块状,背斜轴以 $70°\sim80°$ 方向展布,略呈北北西微凸的弧形。北翼为迈皋桥—焦山断层所切割,岩层产状陡立,轴面近于直立。褶皱翼部的逆冲断层也较为发育,大多沿古生代地层中的软弱地层发育。

(2) 汤山—仑山复式背斜

汤山—仑山复式背斜南起淳化镇,东至丹徒伏牛山,绵延 60 余千米,最宽处约 9 千米。南西段轴向为北东 $35°$ 左右,向北逐渐东弯,变成北东—北东东方向,中段汤山—天王山主轴为北东 $80°$ 走向,东段又变为北东 $45°$ 走向,总体上大致呈反 S 形。背斜核部由震旦系与下古生界组成,两翼为上古生界;北翼地层倾角陡立甚至倒转,南翼产状平缓,褶皱轴面向南倾斜。该复式向斜大致可分为四段,其中南京境内的为青龙山—黄龙山段和汤山—天王山段(西部)。

青龙山—黄龙山段南起淳化镇北至坟头村,长约 15 千米,宽约 7 千米。自南向北轴向走向由 $40°$ 渐变为 $45°\sim60°$,核部地层为高家边组,两翼为坟头组—周冲村组。南东翼一般倾向 $20°\sim35°$,北西翼倾角均大于 $60°$,局部倒转。

汤山—天王山段近似呈东西展布,延伸约 20 千米,最宽处约 9 千米。北翼岩层较陡并发育次级褶皱,为岩体或岩脉穿插,南翼被中、新生界覆盖;核部由下古生界组成,两翼为上泥盆统-中三叠统。该复式背斜西段为湖山—汤山地区,具体地质构造已在前文交代,不再赘述。

3. 断层

大陆边缘活动带阶段,本区结束了以褶皱为主的构造发展过程,代之以断块运动为主,隆起、坳陷成为这一时期的主要构造产物,同时形成一系列叠加褶皱。

宁镇山脉断层极为发育,种类繁多,主要形成于大陆边缘活动带阶段,大致可以分为四种类型,即近东西向弧形逆掩断层、北西向平移断层、北北东向平移断层和近东西向断层带。

(1) 逆掩断层

南京地区的逆掩断层主要是徐家山—金子山逆掩断层。该断层位于本区南部的汤山—仑山复式背斜北翼,自江宁上坊镇经徐家山、湖山、金子山至仑山北坡。往东被下白垩统火山碎屑沉积岩掩盖,向南被南京—湖熟断裂切断。总体向北突出,呈近东西向的弧形展布,长达60千米(汤山—仑山复式背斜为该逆掩断层的上盘),断面倾向南,倾角下缓上陡,沿前缘地带发育有飞来峰。

(2) 北西向平移断层

一般认为,该组断层是形成于褶皱晚期的横断层,切割和破坏了褶皱和纵向断层的完整性,其特点是延伸远、倾角陡、切割深,地貌特征是山体不连续。该组断层具有代表性的有南京—湖熟断层、庙山—狼山断层。

南京—湖熟断层由南京市区延伸至上坊、湖熟,走向为310°~320°,倾向南西,倾角较陡,全长30余千米。该断层在地貌上表现为断层两侧地貌的突变,即断层东侧的幕府山、紫金山、青龙山及大连山等山体突然中断,南西侧较为平坦,从地层上判断,该断层的北东侧相对升高,南西侧相对下降,并有左行平移的特征。

庙山—狼山断层位于宁镇山脉西段弧形构造的转弯处,主要分布在庙山经棒槌山、培山、狼山至汤山东侧一代,走向300°~310°,倾向东北,倾角约80°,断层线呈直线延伸。该断层最大的特征是地质体不连续,棒槌山三叠系东延部分被错移至培山一带,孔山—天王山向斜被其断开,最大断距2千米以上。

(3) 北北东向平移断层

该组断层是大陆边缘活动带阶段的主要构造之一。宁镇山脉区内共发育七条主干断层和一系列小断层,主要包括六合—江浦断层、瓜埠—铁心桥断层、方山—小丹阳断层、桥头—大卓断层、茅山断层带等。该组断层的特点是规模大、延伸远,具有区域性意义,往往构成宽阔的断层带,其中以茅山断层带和方山—小丹阳断层最为明显。

除主干断层外,还发育有一系列北北东向的伴生断层。伴生断层往往集中发育于某些地段,如幕府山、汤山等地。该组断层走向大多10°~30°,倾角较大,呈现出逆冲或逆平移断层的性质。

(4) 近东西向断层带

该组断层一般切割白垩系等新地层,常表现为上盘下落,并控制沉积等特点,是形成较晚的断层系,主要有沿江(幕府山—焦山)断层、中部桦墅—亭子复式向斜两侧断裂带和南部句容凹陷北缘的断裂带。

附录2　方位角与象限角

表3　　　　　　　　　　　　　　　方位角与象限角对关系

方位角度数 A(°)	象限角			方位角 (°)	细分象限名称
	象限	象限名称	象限角度数及其表示		
0~90	I	北东 NE	r=A	0~30	北北东 NNE
				30~60	北东 NE
				60~90	北东东 NEE
90~180	II	南东 SE	r=180−A	90~120	南东东 SEE
				120~150	南东 SE
				150~180	南南东 SSE
180~270	III	南西 SW	r=A−180	180~210	南南西 SSW
				210~240	南西 SW
				240~270	南西西 SWW
270~360	IV	北西 NW	r=360−A	270~300	北西西 NWW
				300~330	北西 NW
				330~360	北北西 NNW

附录3　我国境内世界地质公园分布

1989年联合国教科文组织、国际地科联、国际地质对比计划及国际自然保护联盟在华盛顿成立了"全球地质及古生物遗址名录"计划,目的是选择适当的地质遗址作为纳入世界遗产的候选名录。1997年联合国大会通过了教科文组织提出的"促使各地具有特殊地质现象的景点形成全球性网络"计划,即从各国(地区)推荐的地质遗产地中遴选出具有代表性、特殊性的地区纳入地质公园,其目的是使这些地区的社会、经济得到永续发展。1999 年 4 月联合国教科文组织第 156 次常务委员会议中提出了建立地质公园的计划,目标是在全球建立 500 个世界地质公园,并确定中国为建立世界地质公园计划试点国之一。

截至 2020 年,联合国教科文组织世界地质公园总数为 161 个,分布在全球 41 个国家和地区。我国共有 41 处世界地质公园,是世界上拥有世界地质公园数量最多的国家。其中,河南、江西、安徽、内蒙古、四川等省份的世界地质公园数量较多。具体名单如下:

北京延庆世界地质公园

北京房山世界地质公园

黑龙江五大连池世界地质公园

黑龙江镜泊湖世界地质公园

内蒙古阿尔山国家地质公园

内蒙古阿拉善沙漠世界地质公园

内蒙古克什克腾世界地质公园

甘肃敦煌世界地质公园

甘肃张掖世界地质公园

新疆可可托海国家地质公园

青海昆仑山世界地质公园

陕西秦岭终南山世界地质公园

山东泰山世界地质公园

山东沂蒙山世界地质公园

河南云台山世界地质公园

河南嵩山世界地质公园

河南王屋山-黛眉山世界地质公园

河南伏牛山世界地质公园

安徽天柱山世界地质公园

安徽黄山世界地质公园

安徽九华山世界地质公园

湖北神农架世界地质公园

湖北黄冈大别山地质公园

湖南张家界世界地质公园

湖南湘西世界地质公园

浙江雁荡山世界地质公园

福建泰宁世界地质公园

福建宁德世界地质公园

江西龙虎山世界地质公园

江西三清山世界地质公园

江西庐山世界地质公园

四川自贡世界地质公园

四川兴文世界地质公园

四川光雾山-诺水河地质公园

云南大理苍山世界地质公园

云南石林世界地质公园

贵州织金洞世界地质公园

广东丹霞山世界地质公园

广西乐业-凤山世界地质公园

海南雷琼世界地质公园

中国香港世界地质公园

附录4 我国主要城市和地区地磁偏角

表4 我国主要城市和地区地磁偏角

地名	磁偏角	地名	磁偏角
北京	西偏7度12分	上海	西偏6度12分
天津	西偏7度14分	重庆	西偏2度44分
哈尔滨	西偏11度4分	齐齐哈尔	西偏11度7分
长春	西偏10度20分	沈阳	西偏9度24分
大连	西偏8度14分	呼和浩特	西偏5度53分
包头	西偏5度14分	石家庄	西偏6度14分
济南	西偏6度36分	青岛	西偏7度15分
郑州	西偏5度19分	洛阳	西偏4度58分
太原	西偏5度37分	西安	西偏3度56分
银川	西偏3度42分	兰州	西偏2度41分
乌鲁木齐	东偏2度39分	喀什	东偏4度1分
西宁	西偏2度9分	拉萨	西偏0度5分
日喀则	东偏0度10分	成都	西偏2度19分
武汉	西偏4度40分	合肥	西偏5度34分
南京	西偏5度55分	徐州	西偏6度6分
杭州	西偏5度46分	长沙	西偏3度56分
南昌	西偏4度36分	福州	西偏4度39分
厦门	西偏4度5分	广州	西偏3度4分
深圳	西偏3度7分	贵阳	西偏2度25分
南宁	西偏2度14分	昆明	西偏1度38分
海口	西偏2度8分	三亚	西偏1度47分
三沙市(永兴岛)	西偏1度55分	三沙市(南沙区)	西偏0度50分
香港九龙	西偏3度5分	澳门	西偏2度58分
台北	西偏4度42分	高雄	西偏4度0分

说明:磁偏角一直在变化,上表为2020年6月10日各地市区的磁偏角值,磁偏角使用WMM(World Magnetic Model)2020计算。

201

附录5 岩土体的野外鉴别方法

表5   岩体结构类型分类

结构类型	岩体地质类型	结构面发育情况	岩土工程特征	可能发生的工程问题
整体状结构	巨块状火成岩和变质岩,巨厚层沉积岩	以层面和原生、构造节理为主,多呈闭合型,间距大于1.5米,一般为1~2组,无危险结构	整体强度高,岩体稳定,可视为均质弹性各向同性体	要注意由结构面组合而成的不稳定结构体的局部滑动或坍塌,深埋洞室要注意岩爆
块状结构	厚层状沉积岩,块状火成岩和变质岩	有少量贯穿性节理裂隙,结构面间距0.7~1.5米,一般为2~3组,有少量分离体	整体强度较高,结构面互相牵制,岩体基本稳定,接近弹性各向同性体	
层状结构	多韵律的薄层、中厚层状沉积岩,副变质岩	有层理、片理、节理。但以风化裂隙为主,常有层间错动	岩体接近均一的各向异性体,其变形及强度受层面控制,可视为各向异性弹塑性体,稳定性较差	可沿结构面滑塌,软岩可产生塑性变形
碎裂状结构	构造影响严重的破碎岩层	断层、节理、片理、层理发育,结构面间距0.25~0.5米,一般3组以上,有许多分离体	完整性破坏较大,整体强度很低,并受软弱结构面控制,呈弹塑性,稳定性很差	易引起规模较大的岩块失稳,地下水加剧失稳
散体状结构	断层破碎带,强风化及全风化带	构造和风化裂隙密集,结构面错综复杂,多充填黏性土,形成无序小块和碎屑	完整性遭极大破坏,稳定性极差,性质接近松散介质	

表6   碎石土的野外鉴别方法

密实度	骨架颗粒含量和排列	可挖性	可钻性
松散	骨架颗粒质量小于总量的60%,排列混乱,大部分不接触	锹可以挖掘,井壁坍塌,从井壁取出大颗粒后,立即塌落	钻进较容易,冲击钻探时钻杆吊锤稍有跳动,孔壁易坍塌
中密	骨架颗粒质量等于总质量的60%~70%,呈交错排列,大部分接触	锹镐可挖掘,井壁有掉块现象,从井壁取出大颗粒处,能保持颗粒凹面形状	钻进较困难,冲击钻探时钻杆吊锤跳动不剧烈,孔壁有坍塌现象
密实	骨架颗粒质量大于总质量的70%,呈交错排列,连续接触	锹镐挖掘困难,用撬棍方能松动,井壁一般较稳定	钻进困难,冲击钻探时钻杆吊锤跳动剧烈,孔壁较稳定

表7 岩石风化程度划分表

风化程度	岩矿颜色	岩石组织结构的变化及破碎情况	矿物成分的变化	物理力学特征	锤击声
全风化	颜色已改变,光泽消失	组织结构已完全破坏,呈松散状或仅外观保持原岩状态,用手可折断捏碎,基本不含坚硬块体	除石英晶粒外,其余矿物大部分风化变质形成风化次生矿物	浸水崩解,与土层的性质近似	似击土声
强风化	颜色改变,唯有岩块的断口中心尚保持原有颜色	外观具原岩组织结构,但裂隙发育,岩体呈干砌块石块、岩块上裂纹密布,疏松易碎;疏松物质与坚硬块体混杂	易风化矿物均已风化成次生矿物,其他矿物部分保持原矿物特征	物理力学性质显著减弱,单块为新鲜岩石的1/3或更小	发哑声
弱风化	表面和沿节理面大部变色,但断口仍保持新鲜岩石特点	组织结构大部完好,但风化裂隙发育,裂隙面风化剧烈,坚硬块体夹疏松物质	沿节理裂隙面出现次生风化矿物	物理力学性质减弱,单块为新鲜岩石1/3~2/3	发声不够清脆
微风化	沿节理面略有变色	组织结构未变,仅沿裂隙有风化现象,无疏松物质	矿物未变,仅沿节理面有时可见铁锰质	物理力学性质几乎不变,力学强度略有减弱	发声清脆

表8 岩石按坚硬程度分类

坚硬程度等级		定性鉴定	代表性岩石
硬质岩	坚硬岩	锤击声清脆,有回弹,震手,难击碎,基本无吸水反应	微风化~微风化花岗岩、闪长岩、辉绿岩、玄武岩、安山岩、石英岩、石英砂岩、硅质砾岩、硅质石灰岩等
	较硬岩	锤击声较清脆,有轻微回弹,稍震手,较难击碎,有轻微吸水反应	微风化坚硬岩,微风化~微风化大理岩、板岩、石灰岩、白云岩、钙质砂岩等
软质岩	较软岩	锤击声不清脆,无回弹,较易击碎,浸水后指甲可刻出印痕	中等风化~强风化坚硬岩或较硬岩,微风化~微风化凝灰岩、千枚岩、泥灰岩、砂质泥岩等
	软岩	锤击声哑,无回弹,有凹痕,易击碎,浸水后手可掰开	强风化坚硬岩或较硬岩,中等风化;强风化较软岩,微风化~微风化页岩、泥岩、泥质砂岩
极软岩		锤击声哑,无回弹,有较深凹痕,手可捏碎,浸水后可捏成团	全风化的各种岩石及各种半成岩

表 9　　　　　　　　　　　　　砂类土的野外鉴别方法

鉴别方法	砾砂	粗砂	中砂	细砂	粉砂
观察颗粒粗细	取样放在刻度尺上分选,约有 1/4 以上的颗粒直径接近或超过 2 毫米	取样放在刻度尺上分选,然后用放大镜观察,约一半以上颗粒直径接近或超过 0.5 毫米	约一半以上的颗粒接近或超过菠菜籽大小(直径约 0.25 毫米)	颗粒大小较精制食盐粒稍粗,与粗玉米粉相近(直径约 0.1 毫米)	颗粒大小较精制食盐粒稍细
干燥时状态	颗粒完全分散	颗粒完全分散,仅个别有胶结(一碰即散)	颗粒基本分散,局部胶结(一碰即散)	颗粒大部分分散,部分胶结(稍加碰撞即散)	颗粒大部分胶结(稍用力即散)
湿润时手拍	无变化		表面偶有水印	表面有水印	表面有显著水印
黏着程度	无黏着感			偶有轻微黏着感	有轻微黏着感

表 10　　　　　　　　　　　　　黏性土的野外鉴别方法

鉴别方法	黏土	粉质黏土	粉土
湿润时用刀切	切面非常光滑,刀刃有黏腻的阻力	稍有光滑面,切面规则	无光滑面,切面比较粗糙
用手捻摸时的感觉	湿土用手捻摸有滑腻感,当水分较大时极为黏手,感觉不到有颗粒的存在	仔细捻摸感觉到有少量细颗粒,稍有滑腻感,有黏滞感	感觉有细颗粒存在或感觉粗糙,有微弱黏滞感或无黏滞感
黏着程度	湿土极易黏着物体(包括金属与玻璃),干燥后不易剥去,用水反复冲才能去掉	能黏着物体,干燥后较易剥去	一般不黏着物体干糙后一碰即掉
湿土搓条情况	能搓成直径小于 0.5 毫米的土条(长度不短于手掌),手持一端不致断裂	能搓成直径 0.5～2 毫米的土条	能搓成直径 2～3 毫米的土条
干土性质	坚硬,类似陶器碎片,用力锤击方可碎,不易击成粉末	土块用锤击,手按易碎	用手很容易捏碎

附录6　常用对比工具图

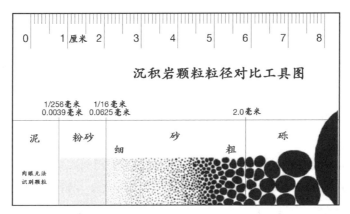

（改自 R M Busch）

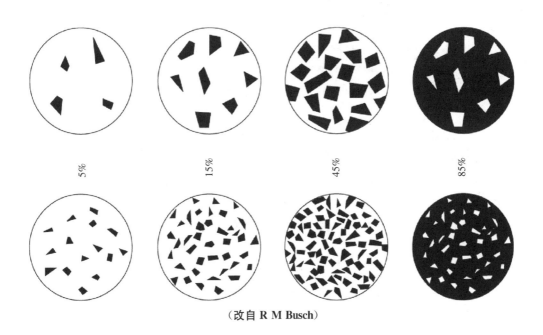

（改自 R M Busch）

参考文献

REFERENCE

[1] 徐夕生,邱检生. 火成岩岩石学[M]. 北京:科学出版社,2010.

[2] 蔡熊飞,陈斌,季军良,等. 普通地质学:矿物－岩石实习图册. 武汉:中国地质大学出版社,2013.

[3] 陈曼云,金巍,郑长青. 变质岩鉴定手册[M]. 北京:地质出版社,2009.

[4] 曾佐勋,樊光明,刘强,等. 构造地质学实习指导书[M]. 武汉:中国地质大学出版社,2008.

[5] 沈立成. 基础地质学实习指导书[M]. 重庆:西南师范大学出版社,2015.

[6] 王福刚. 环境水文地质调查实习指导书[M]. 北京:地质出版社,2017.

[7] 倪福全,邓玉,王丽峰. 工程地质及水文地质实验实习指导[M]. 成都:西南交通大学出版社,2015.

[8] 李群. 普通地质学实验实习指导书[M]. 长沙:中南大学出版社,2018.

[9] 陈宁华,胡程清,程晓敢. 野外地质简明手册[M]. 杭州:浙江大学出版社,2015.

[10] 贾林. 常见矿物与岩石鉴别[M]. 北京:煤炭工业出版社,2013.

[11] 江苏省地质矿产局. 宁镇山脉地质志[M]. 南京:江苏科学技术出版社,1989.

[12] 李甜,燕晓莹,解爱国,等. 南京幕府山地区地质构造特征及断层量化[J]. 地质学刊,2017,41(4):631－636.

[13] 王亚山,宋京雷,徐士银,等. 江苏汤山方山国家地质公园方山组地层剖面保护与设计研究[J]. 工程建设与设计,2018:172-175.

[14] 杜国云. 宁镇山脉汤-仑推覆构造研究[J]. 烟台师范学院学报(自然科学版),1997,13(2):135－140.

[15] 朱筱敏. 沉积岩石学[M]. 北京:石油工业出版社,2008.

[16] Maurice E Tucker. 沉积岩野外工作手册[M]. 周进高,李文正,张建勇,等译. 北京:石油工业出版社,2017.

[17] Dorrik A V Stow. Sedimentary Rocks in the Field:A Colour Guide. London:Manson Publishing Ltd,2010.

[18] Dorrik A V Stow. 沉积岩:野外工作指南[M]. 周川闽,高志勇,罗平,译. 北京:科学出版

206

社,2018.

[19] Soumayajit Mukherjee. Atlas of Structural Geology[M]. Amsterdam：Elsevier Inc.，2015.

[20] Frederick K. Lutgens，Edward J. Tarbuck. Essentials of geology (13th ed)[M]. Pearson Education，Inc.，2016.

[21] Tony Waltham. Foundations of Engineering Geology (3rd ed)[M]. New York：Taylor & Francis，2009.

[22] Jaeger J C. The cooling of irregularly shaped igneous bodyies[J]. American Journal of Science，1961，259(10)：721—734.

[23] 刘家润,吴俊奇,蔡元峰. 江苏及若干邻区基础地质认识实习[M]. 南京：南京大学出版社,2014.

[24] 李甜,解国爱,王光扣,等. 南京湖山地区大石碑断层性质及成因探讨[J]. 高校地质学报,2018,24(6):930—938.

[25] Barbara Murck，Brian Skinner. Visualizing Geology (Third Edition)[M]. John Wiley & Sons，2012.

[26] 许应石,郭刚,孙欣欣.南京栖霞山地质遗迹调查与地质公园建设[J]. 华东地质,2018,39(1)：73—80.

[27] 谢文伟,鄢薇. 普通地质野外认识实习指导书[M]. 北京：地质出版社,2013.

[28] 颜丹平,张维杰,周洪瑞,等. 北京西山及长城地区野外地质实习指南[M]. 北京：地质出版社,2009.

[29] 倪福全,邓玉,王丽峰. 工程地质及水文地质实验实习指导[M]. 成都：西南交通大学出版社,2015.

[30] 陈时亮. 巢湖地学实习教程[M]. 郑州：黄河水利出版社,2014.

[31] 自然资源部中国地质调查局. 工程地质调查技术要求(1：50 000)[S]. 2019.

[32] 陈书平,余一欣. 构造地质学实习指导书[M]. 北京：石油工业出版社,2018.

[33] 邹松梅,孙爱莲,王洪平,等. 南京城区地质遗迹资源特征与开发利用[C]. 江西省地质学会. 2015 地学新进展——第十三届华东六省一市地学科技论坛文集. 南昌：江西科学技术出版社,2015.

[34] 陈曼云,金巍,郑长青. 包含变质岩分类三要素的主要变质岩分类表[J]. 岩石学报,2009,25(8)：1719—1752.

[35] 工程地质手册编委会. 工程地质手册(第五版)[M]. 北京：中国建筑工业出版社,2018.

[36] 韩丛发,张振文. 地质制图与识图[M]. 徐州：中国矿业大学出版社,2007.

[37] R M Busch. Laboratory Manual in Physical Geology[M]. American Geological Institute. Pearson Education，Inc.，2014.

[38] 许汉奎,陶奎元,周晓丹,等. 远古的遗迹:南京国家地质公园[M]. 南京：江苏凤凰科学技术出版社,2015.

［39］孙家齐,陈新民. 工程地质(第四版)［M］. 武汉:武汉理工大学出版社，2011.

［40］解国爱,舒良树. 普通地质学实验及复习指导书［M］. 南京:南京大学出版社，2011.

［41］王丽,余子萍. 畅游南京［M］. 南京:南京大学出版社，2016.

［42］G M Bennison. An Introduction to Geological Structures and Maps(5th Ed)［M］. Chapman and Hall. Inc.，New York，1990.

主要造岩矿物及其鉴定特征

矿物名称			主要鉴定特征
含硅矿物	暗色矿物	橄榄石	因其颜色多为橄榄绿色而得名,主要是由 Mg_2SiO_4 和 Fe_2SiO_4 两个端员组分形成的完全类质同象混晶体,玻璃光泽,透明至半透明,具两组不完全解理,贝壳状断口,莫氏硬度 6.5～8
		辉石	广泛存在于火成岩和变质岩中,分散粒状或粒状集合体,普通辉石晶体短柱状,横剖面近八边形,绿黑至黑色,条痕浅灰绿色,玻璃光泽,近不透明,莫氏硬度 5～6,两组解理近直交
		角闪石	常产于酸性和中性深成岩中,外形常为一向延长的长柱状或纤维状晶体,大多为单斜晶系,普通角闪石解理角度为 124 度或 56 度,横剖面为近于菱形的六边形,莫氏硬度 5.5～6,比重 2.85～3.60
		黑云母	假六方片状或板状,偶见柱状,层状解理非常完全,有玻璃光泽,薄片具有弹性,类质同象代替广泛,不同岩石中的黑云母化学组成成分差距很大,因为含铁高,绝缘性能远不如白云母
含硅矿物	浅色矿物	正长石	又名钾长石,常产于酸性火成岩中,与石英、黑云母共生,晶体常呈短柱状,肉红、浅黄、浅灰褐色等,玻璃或珍珠光泽,半透明,有两组直交解理,莫氏硬度 6,相对密度 2.56～2.58

矿物名称			主要鉴定特征
含硅矿物	浅色矿物	斜长石	钠长石和钙长石的类质同象混合物,常产于基性、中性火成岩中,与辉石、角闪石共生,晶体常呈板片状、板条状或长柱状,白至灰白色,玻璃光泽,半透明,两组解理斜交,莫氏硬度 6~6.5,相对密度 2.60~2.76
		石英	化学式为 SiO_2,是分布最广泛的一类浅色、轻质的造岩矿物,三大类岩石中均广泛存在,常见为六方柱及菱面形聚形晶,白色,油脂光泽,透明至半透明,莫氏硬度 7,无解理,贝壳状断口,相对密度 2.5~2.8,可呈不同色彩
		白云母	假六方片状或板状,偶见柱状,层状解理非常完全,有玻璃光泽,薄片具有弹性,单斜晶系,特性是绝缘、耐高温、具有良好的隔热性、弹性和韧性
		高岭土	长石等硅酸盐矿物天然蚀变的产物,是一种含水的铝硅酸盐,呈土状或块状,硬度小,一般为白色或米色,湿润时具有可塑性、黏着性和体积膨胀性,具极完全解理,相对密度 2.60~2.63
不含硅矿物	碳酸盐	方解石	主要由 $CaCO_3$ 沉积而成,是石灰岩的主要造岩矿物,方解石晶体为菱面体,集合体呈块状、粒状、鲕状、钟乳状及晶簇,无色透明;因杂质渗入而常呈白、灰、黄、浅红、绿、蓝等色,玻璃光泽,莫氏硬度为 3,三组解理完全,遇稀盐酸强烈起泡
	卤化物	萤石	又称氟石,主要成分为氟化钙,结晶为八面体或立方体,晶体呈玻璃光泽,透明至半透明,颜色鲜艳多变,质脆,莫氏硬度为 4,具有完全解理,在受摩擦、加热、紫外线照射等情况下可以发出荧光
	氧化物	磁铁矿	主要成分为 Fe_3O_4,晶体常呈八面体和菱形十二面体,集合体呈粒状或块状,铁黑色,条痕呈黑色,金属光泽或半金属光泽,不透明,无解理,莫氏硬度 5.5~6,比重 4.8~5.3,具强磁性

典型火成岩

	侵入岩（显晶／粗粒）	喷出岩（隐晶／细粒）
酸性岩	花岗岩	流纹岩
中性岩	闪长岩	安山岩
基性岩	辉长岩	玄武岩
其他	黑曜岩　　　浮岩　　　火山弹	

典型沉积岩

碎屑岩	砾岩	南京燕子矶酒樽石	南京石头城公园城墙
	砂岩	南京紫金山紫红色砂岩	南京江宁方山赤山组砂岩
	泥质岩	南京青龙山泥岩（含化石）	南京江宁方山凝灰岩
生物和化学岩		栖霞灰岩 （南京孔山）	白云岩 （南京建新村）

盐 岩

典型变质岩

片理构造	板 岩	片 岩
	千枚岩	片麻岩
块状及其他构造	大理岩	石英岩
	麻粒岩	蛇纹石（黄绿色部分）

岩石鉴定作业

火成岩		
沉积岩		
变质岩		
其　他		
泥岩中的硅质结核	结核中的黄铁矿	粉砂岩中的假化石

自主实习作业（一）

火成岩：重点实验室入口

沉积岩：紫金山紫红色山岩、馨园"抗震石"和太湖石

自主实习作业（二）

变质岩：馨园"亮剑石"和"南极石"

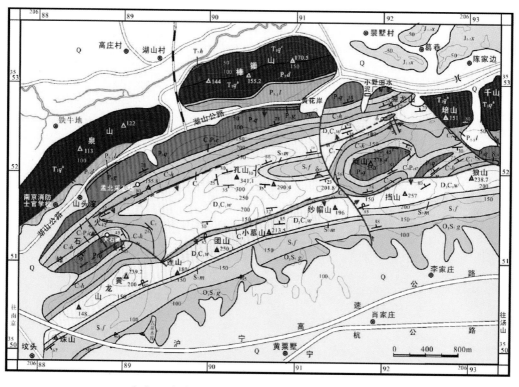

南京江宁湖山地区地质略图（据刘家润等）

火山地貌（一）

瓜埠山：雄师之塔（玄武岩石柱组合）

瓜埠山：孔雀开屏（玄武岩石柱组合）

火山地貌（二）

瓜埠山：喷发不整合接触

马头山：巨大的玄武岩石柱

构造地貌

阳山问碑：
大石碑碑座附
近的断层

长江第一矶：幕府山—焦山沿江断裂断层崖

构造地貌

背斜成山：
达摩古洞景区右侧

擦痕

阶步

反阶步由羽列剪裂隙形成的反阶步

断裂构造：幕府山复合断层

岩溶地貌

汤山猿人洞：葫芦洞内景

栖霞天开岩：裸露喀斯特地貌

砂岩地貌

江南云冈：栖霞山纱帽峰

赤壁丹崖：石头城公园古城墙

流水地貌

永济江流：幕府山观江平台北望长江

佘村雅丹：矿渣堆场的坡流冲蚀地貌

雨花台组地层与雨花石

六合方山雨花台组地层剖面

六合南王村捡拾的各色雨花石